聚集诱导发光丛书

唐本忠　总主编

聚集诱导发光物语

唐本忠　王　东　张浩可　著

科学出版社

北　京

内 容 简 介

本书为"聚集诱导发光丛书"之一。"聚集诱导发光"是我国科学家率先提出的原创性概念，开辟了发光材料的新领域。目前，全世界已经有80多个国家和地区超过2000个研究单位的科学家进入该领域。聚集诱导发光在基础科研和应用等方面都取得了丰硕的成果。本书从聚集诱导发光研究的历史、现状和未来三个方面全面概述了这一领域的发展，为聚集诱导发光研究的方方面面做好基础铺垫，引领广大读者对聚集诱导发光进行深入学习和研究。本书中的诸多实例也可激发初学者对聚集诱导发光物理机制的兴趣，加强学生的理论基础并开拓其科学视野。本书有助于发光材料领域的学生和年轻学者对聚集诱导发光的研究进行全面了解，以便他们更好地开展专业领域方向的研究。

本书适合对发光材料有兴趣的广大学者和学生阅读。

图书在版编目（CIP）数据

聚集诱导发光物语 / 唐本忠，王东，张浩可著. —北京：科学出版社，2024.6

（聚集诱导发光丛书 / 唐本忠总主编）

国家出版基金项目

ISBN 978-7-03-078636-4

Ⅰ. ①聚⋯ Ⅱ. ①唐⋯ ②王⋯ ③张⋯ Ⅲ. ①发光材料－研究 Ⅳ. ①TB34

中国国家版本馆 CIP 数据核字（2024）第 110573 号

丛书策划：翁靖一

责任编辑：翁靖一 宁 倩 / 责任校对：杜子昂
责任印制：徐晓晨 / 封面设计：东方人华

科 学 出 版 社 出版

北京东黄城根北街 16 号
邮政编码：100717
http://www.sciencep.com

河北鑫玉鸿程印刷有限公司印刷

科学出版社发行 各地新华书店经销

*

2024 年 6 月第 一 版 开本：B5（720 × 1000）
2024 年 6 月第一次印刷 印张：10 1/2
字数：228 000

定价：139.00 元

（如有印装质量问题，我社负责调换）

聚集诱导发光丛书

编 委 会

总 序

光是万物之源，对光的利用促进了人类社会文明的进步，对光的系统科学研究"点亮"了高度发达的现代科技。而对发光材料的研究更是现代科技的一块基石，它不仅带来了绚丽多彩的夜色，更为科技发展开辟了新的方向。

对发光现象的科学研究有将近两百年的历史，在这一过程中建立了诸多基于分子的光物理理论，同时也开发了一系列高效的发光材料，并将其应用于实际生活当中。最常见的应用有：光电子器件的显示材料，如手机、电脑和电视等显示设备，极大地改变了人们的生活方式；同时发光材料在检测方面也有重要的应用，如基于荧光信号的新型冠状病毒的检测试剂盒、爆炸物的检测、大气中污染物的检测和水体中重金属离子的检测等；在生物医用方向，发光材料也发挥着重要的作用，如细胞和组织的成像，生理过程的荧光示踪等。习近平总书记在 2020 年科学家座谈会上提出"四个面向"要求，而高性能发光材料的研究在我国面向世界科技前沿和面向人民生命健康方面具有重大的意义，为我国"十四五"规划和 2035 年远景目标的实现提供源源不断的科技创新源动力。

聚集诱导发光是由我国科学家提出的原创基础科学概念，它不仅解决了发光材料领域存在近一百年的聚集导致荧光猝灭的科学难题，同时也由此建立了一个崭新的科学研究领域——聚集体科学。经过二十年的发展，聚集诱导发光从一个基本的科学概念成为了一个重要的学科分支。从基础理论到材料体系再到功能化应用，形成了一个完整的发光材料研究平台。在基础研究方面，聚集诱导发光荣获 2017 年度国家自然科学奖一等奖，成为中国基础研究原创成果的一张名片，并在世界舞台上大放异彩。目前，全世界有八十多个国家的两千多个团队在从事聚集诱导发光方向的研究，聚集诱导发光也在 2013 年和 2015 年被评为化学和材料科学领域的研究前沿。在应用领域，聚集诱导发光材料在指纹显影、细胞成像和病毒检测等方向已实现产业化。在此背景下，撰写一套聚集诱导发光研究方向的丛书，不仅可以对其发展进行一次系统地梳理和总结，促使形成一门更加完善的学科，推动聚集诱导发光的进一步发展，同时可以保持我国在这一领域的国际领先优势，为此，我受科学出版社的邀请，组织了活跃在聚集诱导发光研究一线的十几位优秀科研工作者主持撰写了这套"聚集诱导发光丛书"。丛书内容包括：聚集诱导发光物语、聚集诱导发光机理、聚集诱导发光实验操作技术、力刺激响应聚集诱导发光材料、有机室温磷光材料、聚集诱导发光聚合物、聚集诱导发光之簇发光、手性聚集诱导发光材料、聚集诱导发光之生物学应用、聚集诱导发光之光电器件、聚集诱导荧光分子的自组装、聚集诱导发光之可视化应用、聚集诱导发光之分析化学和聚集诱导发光之环境科学。从机理到体系再到应用，对聚集诱导发光研究进行了全方位的总结和展望。

历经近三年的时间，这套"聚集诱导发光丛书"即将问世。在此我衷心感谢丛书副总主编彭孝军院士、田禾院士、于吉红院士、秦安军教授、王东教授、张浩可研究员和各位丛书编委的积极参与，丛书的顺利出版离不开大家共同的努力和付出。尤其要感谢科学出版社的各级领导和编辑，特别是翁靖一编辑，在丛书策划、备稿和出版阶段给予极大的帮助，积极协调各项事宜，保证了丛书的顺利出版。

材料是当今科技发展和进步的源动力，聚集诱导发光材料作为我国原创性的研究成果，势必为我国科技的发展提供强有力的动力和保障。最后，期待更多有志青年在本丛书的影响下，加入聚集诱导发光研究的队伍当中，推动我国材料科学的进步和发展，实现科技自立自强。

中国科学院院士

发展中国家科学院院士

亚太材料科学院院士

国家自然科学奖一等奖获得者

香港中文大学（深圳）理工学院院长

Aggregate 主编

◆◆ 前 言 ◆◆

　　发光材料在现代科学技术发展中扮演着重要的角色，从光电子器件到传感再到生物医学应用，高效发光材料的涌现正在不断改变着人们的生活方式，同时也极大地提升了人民的生活品质。而在此过程中，传统有机染料中存在的聚集导致荧光猝灭的效应极大地阻碍了发光材料的应用。2001 年，作者团队提出的聚集诱导发光（AIE）效应从根本上解决了这一困扰人们几十年的科学难题，从而打开了有机发光材料的又一扇大门。AIE 材料的设计策略一反传统的平面刚性原则，而是通过扭转的分子结构来阻止激态分子的形成，从而增强其在固体状态的发光效率。随着 AIE 机理研究的不断深入和体系的开发，其巨大的应用潜力也逐渐崭露出来。

　　伴随着 AIE 的逐步发展，许多和 AIE 相关的新兴领域正在不断涌现出来，如室温磷光、聚集诱导延迟荧光、簇发光、固态分子运动、聚集诱导活性氧产生等。AIE 逐渐从一个概念和一个现象演化成一个学科，即聚集体科学。科学的发展正在经历从分子科学向聚集体科学的转变，而聚集体科学的提出和发展将人们的研究视野提升到一个新的高度，这势必会对未来材料、化学和物理学科的发展带来极大的积极影响。

　　聚集诱导发光这一由中国科学家原创的科学概念，如今已在全世界范围内得到了相关领域专家的认可和广泛关注。这主要归因于它所蕴含的颠覆性的基础科学问题以及其广阔的光电和生物应用前景。基于此，深圳大学王东、浙江大学张浩可和我作为共同作者撰写本书，作为"聚集诱导发光丛书"的分册之一，本书从光的历史讲起，介绍了光学研究的进程，之后又介绍了聚集诱导发光研究的历史、现状和未来展望。本书将作为基础科学读物以加强我国青少年学生和年轻学者对 AIE 领域的深入认识，进而可以长久保持我国在这一研究领域的领先地位和优势。

　　本书的出版得到了同行专家的支持，感谢本书的另两位作者王东教授和张浩可研究员；感谢科学出版社的翁靖一编辑在本书准备和出版过程中给予的帮助；感谢为本书的顺利出版做出贡献的涂于洁博士、张学鹏研究员、张鉴予博士、刘顺杰研究员、康苗苗助理教授、李美雪博士、李莹研究员、李杰博士、王媛玮博士等。最后，感谢国家出版基金项目对本套丛书的资助和支持。

限于时间和精力，书中难免有欠妥或不足之处，恳请广大读者批评指正！

唐本忠

中国科学院院士

2024 年 3 月于深圳

目 录

总序
前言

第1章 光学发展简史 ·· 1

1.1 光的重要性 ··· 1

1.2 传统几何光学 ··· 3

1.3 光的本质和波粒二象性 ··································· 6

1.4 光的吸收、发射、散射和光谱分析 ························ 10

1.5 不同发光类型 ·· 15

1.6 发光材料 ·· 17

参考文献 ··· 20

第2章 与聚集诱导发光的美丽邂逅 ···························· 22

2.1 聚集诱导发光理论的提出 ································· 22

2.2 分子内旋转受限机理的提出 ······························ 26

参考文献 ··· 27

第3章 聚集诱导发光研究的蓬勃发展 ·························· 28

3.1 聚集诱导发光研究的进展 ································· 28

3.2 聚集诱导发光研究的成就 ································· 35

参考文献 ··· 42

第4章 簇发光 ·· 43

4.1 背景介绍 ·· 43

4.2　体系分类 ··· 44

4.3　簇发光的机理 ··· 48

4.4　本章小结 ··· 51

参考文献 ·· 52

第5章　力致聚集诱导发光 ··· 53

5.1　力致发光的概念和日常现象 ······································ 53

5.2　力致发光的研究简史 ·· 54

5.3　力致发光的机理 ··· 56

5.4　聚集诱导发光分子体系的力致发光 ····························· 56

参考文献 ·· 62

第6章　有机室温磷光与聚集诱导延迟荧光 ························ 64

6.1　引言 ··· 64

6.2　有机室温磷光 ··· 65

6.3　聚集诱导延迟荧光 ··· 73

6.4　本章小结 ··· 76

参考文献 ·· 77

第7章　固态分子运动 ·· 80

7.1　引言 ··· 80

7.2　聚集诱导发光分子的固态分子运动 ····························· 80

7.3　本章小结 ··· 86

参考文献 ·· 87

第8章　聚集诱导发光材料在光动力治疗中的优势及研究进展 ··· 88

8.1　光动力治疗的基本原理 ··· 88

8.2　聚集诱导发光分子在光动力治疗中的优势 ···················· 89

8.3　高效聚集诱导发光光敏剂的一般设计策略 ···················· 91

8.4　聚集诱导发光光敏剂在光动力治疗中的应用 ················· 92

8.4.1　基于聚集诱导发光光敏剂的分子探针 ················· 92

8.4.2　基于聚集诱导发光光敏剂的纳米颗粒 ················· 94

8.4.3　基于聚集诱导发光光敏剂的联合治疗 ················· 95

8.5　展望 ·· 96

参考文献 ·· 96

**第 9 章　源自天然草本植物的聚集诱导发光材料及其生物成像和疾病治疗的
应用** ·· 100

9.1　引言 ··· 100

9.2　天然聚集诱导发光分子 ·· 100

9.3　本章小结 ·· 105

参考文献 ·· 106

第 10 章　聚集诱导发光材料在生物成像领域的应用 ················· 107

10.1　引言 ··· 107

10.2　聚集诱导发光材料在细胞结构成像中的应用 ················· 107

10.2.1　细胞膜成像 ··· 108

10.2.2　细胞质成像 ··· 109

10.2.3　细胞核成像 ··· 110

10.2.4　线粒体成像 ··· 110

10.2.5　溶酶体成像 ··· 112

10.2.6　脂滴成像 ·· 113

10.2.7　高尔基体成像 ·· 115

10.2.8　内质网成像 ··· 115

10.3　聚集诱导发光材料在病原菌成像领域的研究进展 ··········· 117

10.3.1　细菌成像 ·· 117

10.3.2　胞内细菌成像 ·· 119

10.3.3　真菌成像 ·· 121

10.3.4　病毒靶向细菌成像 ·· 122

10.4　本章小结与展望 ··· 123

参考文献 ·· 123

第 11 章　近红外聚集诱导发光分子 ··· 127

11.1　引言 ··· 127

11.2　聚集诱导发光分子在近红外荧光成像的优势 ················· 127

11.3　近红外聚集诱导发光分子的一般设计策略 ··················· 128

11.4 近红外聚集诱导发光分子在生物成像中的应用 ·················· 131

11.4.1 近红外聚集诱导发光分子在细胞细菌成像中的应用 ··············· 131

11.4.2 近红外聚集诱导发光分子在小鼠成像中的应用 ·················· 133

11.4.3 近红外聚集诱导发光分子在其他动物成像中的应用 ··············· 136

11.5 展望 ··· 137

参考文献 ··· 138

第 12 章 聚集诱导发光材料在光热诊疗方向的优势及研究进展 ········ 141

12.1 引言 ··· 141

12.2 AIE 光敏剂在光热诊疗中的应用现状 ·························· 142

12.3 提高 AIE 光敏剂光热转换效率的策略 ························· 142

12.2.1 分子间的强相互作用 ····································· 143

12.3.2 官能团或化学键的运动 ··································· 144

12.3.3 侧链工程 ··· 146

12.4 AIE 光敏剂在多模态成像指导的协同治疗中的应用前景 ········· 149

12.5 展望 ··· 151

参考文献 ··· 152

关键词索引 ··· 154

第<i>1</i>章

>>

光学发展简史

1.1 光的重要性

光是生命最本质的能量来源，是生物不可或缺的生存要素。光合作用将光能转化成化学能储存在有机物里，能量和物质在食物链中传递，由此带来了丰富的物种和多样的生态系统。光还是生物感知世界的媒介，为了利用这一重要的环境因素，大部分动物在不同的进化分支上进化出了结构功能完整的眼睛[1]。人类每天接收的信息绝大部分来自视觉，通过准确地捕捉光的信息判断物体的明暗、色彩、形状、远近、大小和速度等。由此可见，光对生物生存具有重大意义（图 1-1）。

图 1-1 光是生命的能量来源，是生物感知世界的重要途径

对于光的依赖和追求不仅根植于生物的基因之中，更深刻地嵌在人类文明之中。自古以来人们对太阳就有着原始的崇拜，太阳规律地起落带来光明和黑暗，神秘而遥不可及。人类历史上的不同文明都不约而同地产生出众多与太阳、火和光明相关的习俗和神话（图 1-2）。中国传统民俗中，灯烛有着重要的地位：各种灯会可以用于祈福祛祸；祭祀中点燃的香烛表示对神明的虔诚；新婚夜燃烧花烛

祈福新人白头到老。灯烛的习俗源于人们对光的崇拜，因为光可以祛除黑暗恐惧，带来温暖安宁。中国古代神话里，光来自一条名叫"烛阴"的神龙的眼睛，烛阴的眼睛一开一合产生昼夜交替；家喻户晓的神话"夸父逐日"则表达着人们对光明的执着追求；中国《山海经》等古代典籍也记载着古人对太阳神帝俊和火神祝融的祭祀[2]。古希腊也有着类似的神话人物，如光明之神阿波罗、火神赫菲斯托斯，还有创造人类的普罗米修斯为了给人类带来火种触怒了宙斯而遭受了残忍惩罚，因此被人类世代感恩和歌颂。

图 1-2 夸父逐日和普罗米修斯盗火

科幻作家阿西莫夫在他著名的短篇科幻小说《日暮》中假设一颗行星有着 6 颗太阳，它们轮流起落让行星上的文明始终沐浴在光明中，那里的人们从未理解过黑暗为何物，而当六个太阳同时发生日蚀时，世界淹没在黑暗中，人们在恐惧中发疯，社会彻底崩溃，文明从此毁灭[3]。光明常常意味着生命，而黑暗往往代表着死亡，人类在精神上从未停止对光的追寻。

在物质生活中，人类对光的使用不断推陈出新，推动着时代向前，成为人类社会进步的标识（图 1-3）。从远古祖先学会用火开始，文明便开始孕育，火能帮助人驱走捕食者，为人类带来光亮，也帮助产生更卫生更好消化的熟食。各种人造光源的发明让人类逐步摆脱黑暗，拓宽了生活的自由边界。对透镜的使用让人们把认知延展到广袤的宇宙和奇妙的微观世界。光学深深地嵌入人们生活的方方面面：从清晨的第一缕阳光将人们唤醒，到出门前对镜整理仪容，到现代工作生活必不可少的电子屏幕，再到回家路上的万家灯火；相机记录着生活的美好瞬间，各种无线电波在空中传播着信息，光纤将世界互联，利用光刻技术制造的芯片是信息时代的基石，更是人类智慧的结晶，X 射线给医学影像领域带来了深刻的变革，激光在包括材料加工、精密测量、医疗美容等现代生产生活的许多方面都发挥着关键作用。

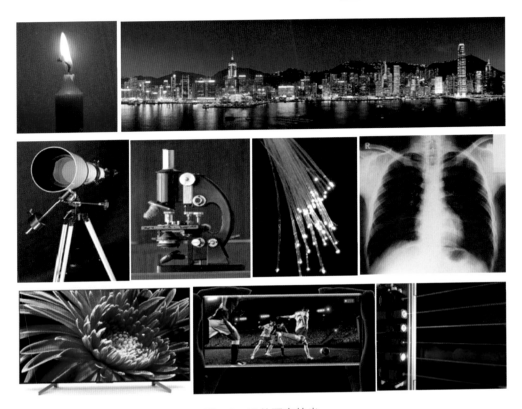

图 1-3　无处不在的光

1.2　传统几何光学

在科学诞生之前，东西方对光学现象就有着众多记录[4-6]。中国古代的各类典籍中提及了各种光学现象，包括光线受到物体阻挡产生阴影、光线的强弱与距离有关、火色与温度和燃烧的物质成分有关、物体的近大远小的透视原理、平面镜可以照出人的容貌、凹面镜和凸透镜可以对日取火等。公元前 388 年的《墨经》是最早和最重要的古代光学著作，其中对于"影"和"小孔成像"的描述，代表了古人对光沿直线传播原理的理解。中国古代历法中日晷的使用，便是对光沿直线传播性质的应用（图 1-4）。《墨经》中还有对平面镜、凹面镜和凸透镜成像规律的描述，但未能完整总结出反射定律，墨家在后世发展中日渐没落，加之《墨经》文字艰深，墨学的研究后继乏人，导致几何光学的发展受到限制。

  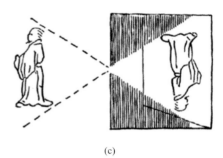

(a)　　　　　　　　　(b)　　　　　　　　　(c)

图 1-4　日晷（a）和《墨经》中描述小孔成像（b）以及小孔成像示意图（c）

直到宋代沈括在《梦溪笔谈》中才更深入地描述了小孔成像的现象——"若鸢飞空中，其影随鸢而移。或中间为窗隙所束，则影与鸢遂相违，鸢东则影西，鸢西则影东。"而后，宋代赵友钦设计了一个大型光学实验，探讨了小孔成像中各种变量对成像的影响，如小孔的大小、光源的强弱、物距和像距之间的规律等；元代天文学家郭守敬利用小孔成像原理观测日食等现象；清朝的郑复光更是通过实验观测画出了成像的光路图。

国外对光学也有较早的记载，也涌现出一批具有代表性的科学家（图 1-5）。例如，古希腊时期，欧几里得就提出人眼发射的视线是一条条直线形成的圆锥体，视线覆盖的区域就能被人眼感受到。古罗马时期，托勒密在他的光学著作里提出了完整的光的反射理论，还设计并实践了光的折射实验。阿拉伯学者海什木是促进近代光学建立的关键人物，他批判当时被当作基本认知的"发射论"，认为人能看到物体不是由于人眼发射了光束而是因为来自物体的光线进入了人眼。他所著共七卷的《光学》用数学方法描述了各种光学现象和规律，成为了光线和视觉知识的基本教材，从此人们对光线的理解开始从抽象变得真实客观。中世纪有"神奇博士"之称的罗杰·培根对光学尤其是彩虹的形成进行了深入的研究，然而基督教将彩虹视为大洪水后上帝的神迹，他曾用自然科学原理解释彩虹等挑战宗教权威的思想。

图 1-5　光学史上的代表性科学家（托勒密、海什木、笛卡儿、牛顿）

　　17 世纪的欧洲，光学研究出现了爆发式的发展，斯涅耳和笛卡儿独立提出了折射定律的精确公式。费马将光的传播定律结合了起来，费马原理指出光传播的路径是光程取极值的路径，也就是传播时间最短的路径，从中可以通过数学方法推导出"光的直线传播定律"、"反射定律"和"折射定律"三个几何光学的基本定律。笛卡儿认为宇宙是上帝创造的按照规律运行的超级机器，在这样的机械宇宙中，光线靠弥散在空间中的"以太"粒子传播，"以太"粒子的自转速率决定了光的颜色：白色是纯色；自转得越快，颜色越红；自转得越慢，颜色越蓝。这一观点有利于罗马教廷维持自身解释宇宙规律的权威，而作为新教徒的牛顿对这一观点不以为然，他曾冒着受伤的风险将自己的眼睛作为工具进行实验，直视太阳良久甚至用木棍压迫眼睛观察视野中出现的彩色圆圈（以上均是危险行为，严禁模仿）。他所完成的著名的三棱镜色散实验证明了白光并非纯色的光：当一束白光透过三棱镜，会分散成不同颜色的光；这些光还能通过另一个三棱镜再次混合成白光；当红光被分离后单独再通过一个三棱镜后，颜色不会再变化。这正说明了红光是纯色的光，而白光却是各种光的混合。

　　对比古代中西方对光学的研究，可以发现虽然中国古人或深或浅地记录了对光学现象的描述和解释，但几何光学一直没有得到系统的发展。一方面，玻璃制品是光学研究的基本工具，虽然中国在西周时期便已经开始制造玻璃，但由于古代中国逐渐发展出高超成熟的瓷器烧制工艺，瓷器在实用和美学功能上都更胜一筹，因此玻璃这一光学工具的发展没有得到重视。另一方面，古代中国的艺术十分关注意境和内心情怀的表达，但较少重视客观描绘真实世界和能引发光学思考的透视、景深、明暗等元素，因此一定程度上限制了中国古人对光学原理的深入探究。

　　光学在西方的萌芽晚于中国，也没有发展出瓷器工艺，这使得玻璃得到了发展空间，西方艺术中绘画也更加重视写实（图 1-6）。在文艺复兴时期，西方的画家开始借助透镜、小孔、暗箱等将物体投影在画布上，然后把投影描摹出来，光学工具帮助很多画家画出细节逼真如照片的画作，为了得到清晰的细节信息，投影成像所需的光学仪器技术进步迅速[7]。玻璃技术的发展带来了一系列的发明，如望远镜、眼镜、显微镜等，在宏观和微观上拓宽了人类的视觉边界。伽利略制造了由凸透镜和凹透镜组合而成的天文望远镜，在宏观视野上扩展了人类的认知疆域，促进了物理和天文学的发展。列文虎克有着精湛的磨制透镜技术，并制造了第一台显微镜，人们从此发现了一个全新的丰富多彩的微观世界，生物学和医学也得以发展。科学的发展有赖于人们借助实验手段来探索理解外部世界，而光学作为重要的研究对象和研究手段之一，为科学各个分支的蓬勃发展带来肥沃的土壤。后来人类在科学上取得的众多成就和人类对世界认知的重大突破都和光学有着紧密的关系。

图1-6　顾恺之《洛神赋图》和达·芬奇《最后的晚餐》

1.3　光的本质和波粒二象性

　　光学是科学史中最早发展的方向之一，从光学现象到光的本质，光学知识的外延在不断拓宽，对光的认知是人类科学探索进程的一个缩影。光学也是一门极好的科学启蒙学科，是人们底层知识结构中的重要一环。几何光学通常作为中学物理的重要章节，介绍光的直线传播、反射、折射、色散等光的基本性质，解释了人们生活中常见的各种光学现象，非常有助于培养学生对自然科学的兴趣，也训练了人们用科学思维来理解世界。而近代光学作为中学物理的重要章节介绍光的本质、波粒二象性、光速不变等知识，更是把人们的认知突破到常识之外，建立起量子论和相对论的世界观，吸引着热爱自然科学的莘莘学子投身于现代科学的精彩探索中。

　　对光的本质的追寻，一直是光学中的核心问题[8-11]。17世纪出现了微粒说和波动说两派观点，牛顿作为微粒说的代表人物，主张光是高速直线运动的微粒，有着普通实物小球一样的力学性质，符合经典力学的规律运动。微粒说可以用来解释光的直线传播、反射和折射，但在对光的深入探索中，出现了各种微粒说无法解释的光学现象，如光可以绕开障碍物继续传播的衍射现象以及相继发现的光的干涉和偏振现象。以惠更斯为代表的波动说主张光是一种波，光线是能量通过波动的方式传播的过程，类似于机械波，绳子一端的上下振动可以带动绳子这一介质上每一点的上下振动从而将运动传播到另一端，而光的传播介质是一种充满整个空间的"以太"粒子。虽然这样的原理可以解释一些光学现象，但对波动的性质缺乏足够的说明，是非常不完备的波动理论，所以一时未被广泛接受。

　　然而19世纪初，两个著名的实验让光的波动说占据了绝对上风，这就是杨氏双缝干涉实验和菲涅耳对泊松亮斑的研究（图1-7）。双缝干涉实验中，从一条线光源发射的光线传播相同的距离到达两条与光源平行的狭缝，光线通过两个狭缝发生光的衍射变成两个新的波源，因为两个波源来自同一光源，所以他们是频率相同、振动方向相同、相差保持恒定的相干波。当相干波相遇时，神奇的干涉现象发生了——在与狭缝平行的屏幕上出现了若干条明暗相间的干涉条纹。如果按照牛顿的微粒说，屏幕上应该只会出现两条亮条纹。杨氏双缝干涉实验充分体现了光的波动性，是对光的波动学说的强有力证明。

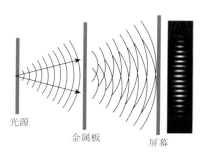

光源　　　　金属板　　屏幕

图 1-7　杨氏双缝干涉实验和泊松亮斑

　　1818 年，菲涅耳设计了光的圆盘衍射实验，用单色光照射在宽度小于或等于光源波长的小圆盘上时，圆盘后的屏幕上会出现同心圆衍射条纹。泊松是微粒说的拥护者，他从菲涅耳的实验中推导出一个结论：如果光是一种波，那么衍射条纹的圆心处会出现一个极小的亮斑。他想用这个"奇怪"的推论来驳斥波动理论，然而实验结果却完美地验证了泊松的推论，衍射条纹的圆心处的确有亮斑的存在，证明了波动说的正确性。这一歪打正着的发现也成为了科学史上的一段佳话。

　　1873 年，光的本质的研究和电磁学走到了相遇的十字路口，麦克斯韦在《电磁通论》一书中表示，变化的电场会产生磁场，变化的磁场会产生电场，电和磁可以像波一样在真空中以光速传播而不需要介质，他同时预言光就是电磁波。赫兹在 1888 年终于发现了电磁波，光的波动说打败了微粒说，光的真正面目终于浮出水面。描述电磁波的物理参数"频率"的单位便是赫兹（Hz），频率是电磁波一秒内振荡的次数，电磁波的波长是两个相邻的波峰或波谷之间的距离，电磁波的波长（λ）与频率（ν）的乘积就是光速（c）。电磁波按照波长从短到长可以分为 γ 射线、X 射线、紫外线、可见光、红外线、微波和无线电波。如今，各种波长的光在现代生活中被人们广泛地应用着，例如，X 射线用于透视成像、微波用于加热食物、无线电波用于通信等（图 1-8）。

　　至此，尽管光是电磁波的本质已经揭示，然而故事并没有结束，光学世界的怪异现象还在接踵而至，波动理论无法解释如黑体辐射、光电效应和原子光谱不连续等现象，波动说遇到了新的困难。下面以著名的爱因斯坦光电效应作为例

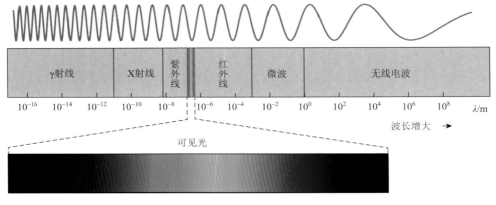

| γ射线 | X射线 | 紫外线 | 红外线 | 微波 | 无线电波 |

10^{-16} 10^{-14} 10^{-12} 10^{-10} 10^{-8} 10^{-6} 10^{-4} 10^{-2} 10^0 10^2 10^4 10^6 10^8 λ/m

波长增大 →

可见光

图 1-8 电磁波的分类

子加以说明（图 1-9）。当电路中的金属阴极被光束照射时会有电子射出，这样的电子称为光电子，光电子到达阳极从而形成光电流。如果电极间的电压与光电流方向相反，那么形成光电流就需要光电子具有一定的初始动能来克服电场的阻力到达阳极。如果按照原有的光的波动理论，光电子的最大初始动能应该与入射光的强度有关，然而实验发现光电子的最大初始动能与光的强度无关却与入射光的频率有关。如果入射光的频率小于一定的阈值，不论光的强度多大和照射时间多长，都不会有光电子脱离金属板，而不同的金属板所需的入射光的频率阈值也各不相同。这一事实对光的波动理论造成了极大的冲击。受到普朗克在解释黑体问题时提出的石破天惊的量子化假设的启发，爱因斯坦提出了光是由不连续的能量单元组成的光量子的假设。这一假设意味着光不仅具有被广泛接受的波动性，还具有微粒性，光的能量粒子被称为"光子"。

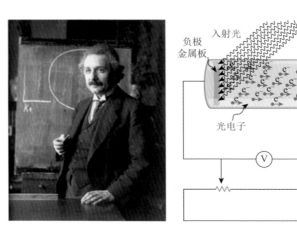

图 1-9 爱因斯坦和光电效应电路图

根据普朗克-爱因斯坦公式，光子的能量为普朗克常量乘以频率（$E = h\nu$），光子的能量与电磁波的频率成正比，爱因斯坦还将光子的能量公式（$E = h\nu = hc/\lambda$）与其著名的质能方程（$E = mc^2$）相结合，推导出了光子的动量公式 $p = mc = h/\lambda$。这个公式同时体现了光子的波动性和粒子性，跨越几个世纪的此消彼长的微粒说和波动说的争论融合在一起，形成了人类对光的本质认知的一次巨大飞跃——光具有波粒二象性。而后德布罗意发现电子作为微观粒子也具有波动性，波粒二象性成为了物质的基本性质，量子世界的大门悄然打开。

认清了光的电磁波本质和波粒二象性后，原本让科学家们困惑的原子光谱不连续现象得到了解答。原子光谱是原子发出的光经过分光仪器后展开形成的一系列不连续的谱线，每种元素都有自己的特征光谱，如同元素的指纹。玻尔利用光的量子化假设提出了氢原子的结构模型，其中电子在分立的固定能量的轨道上运行，当原子吸收或辐射光子形式的能量时，电子会在低能量轨道和高能量轨道之间跃迁，光子的能量就是两个跃迁轨道的能量差值。电子在不同轨道时原子处于不同的分立的能量状态，即能级。当能量最低时，原子处于基态；当能量为较高的可能值时，原子处于激发态。玻尔的氢原子模型在经典力学框架上加入了量子化假设，虽然只能解释氢原子的光谱，但奠定了原子结构的量子理论基础（图 1-10）。

 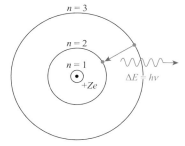

图 1-10　玻尔和玻尔的氢原子模型

真正从力学角度描述量子行为的科学家是薛定谔，他在 1926 年开始连续发表了多篇关于波动力学的论文，提出了著名的薛定谔方程。求解氢原子的薛定谔方程可以得到氢原子的不同能级，计算电子在能级间跃迁所得的光谱与实验所得的氢原子光谱十分吻合，因此证明了薛定谔方程的正确性。薛定谔方程是现代量子理论的数学基础，是研究原子结构必不可少的工具。薛定谔方程的解是波函数（wave function），或被称作轨道（orbital），表示某个粒子在波函数的空间范围中出现的概率。在原子中，人们用"电子云"模型来表示电子在原子核外的空间出现的概率，电子云的疏密表示电子出现的概率大小。

对于多原子分子，由原子轨道组成的分子轨道可近似用原子轨道的线性组合（linear combination of atomic orbitals，LCAO）来表示（图 1-11）。例如，两个原子轨道线性组合成两个分子轨道，其中一个分子轨道比原来的原子轨道的能量低，表现为原子核间电子云密度增大，那么这样的分子轨道称为成键轨道（bonding orbital），根据成键的轨道的取向不同可以分为头碰头的 σ 轨道和肩并肩的 π 轨道；相反另一个分子轨道能量比原来的原子轨道高，表现为原子核间电子云密度减小，那么这样的分子轨道为反键轨道（antibonding orbital），相应写作 σ*轨道或 π*轨道；如果原子轨道上的电子没有参与成键，形成的分子轨道能量与原子轨道能量相差不大，那么这样的分子轨道称为非键轨道（nonbonding orbital），写作 n 轨道。分子轨道理论非常适合描述不同类型的激发态分子，而且适合用于计算机编程，从 20 世纪 50 年代至今，用计算机计算波函数和能级的量子计算化学慢慢成形并成熟，开启了一条全新的化学研究之路。量子化学逐渐成为现代化学的核心理论，更是光谱分析这一科研基本工具的理论基础。

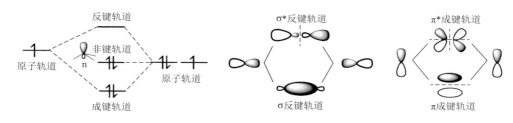

图 1-11　分子轨道理论

1.4　光的吸收、发射、散射和光谱分析

光谱分析在近代科学的探索中起着举足轻重的作用，以天文学为例，光谱不仅可以从元素的层面对宇宙天体的成分进行分析，还能通过宇宙膨胀产生光谱红移的程度来推算天体离地球的距离。科学家通过分析宇宙中位置、远近、大小、亮暗各不相同的海量天体的光谱，发现它们的光谱都极其相似，在元素上和地球没有本质不同。这一发现在空间和时间维度上说明了地球没有特殊性，有力地证明了在地球上的知识和规律是放之宇宙而皆准的[12]。

原子光谱也可以拓展到分子上[13-14]。人的眼睛能看到物体的颜色、形状、位置等信息，是因为和物质发生了作用的光携带着物质的信息被人眼接收。物质能吸收光，如果物质对一些波长的光有选择性地吸收，那么物质呈现出的就是不被吸收的光的颜色，例如，大多数树叶呈现绿色是因为叶绿素对蓝光和黄红光有较强的吸收。吸收光会导致分子发生电子跃迁，电子跃迁有着不同的类型，分子的

基态轨道通常是 σ 或 π 成键轨道，在一些杂原子分子中还有非键轨道即 n 轨道，这些轨道中的电子可以跃迁到反键轨道如 σ*或 π*轨道上，对应出现的跃迁类型按照一般的跃迁能量从小到大可以列为：（n，π*），（π，π*），（n，σ*），（π，σ*），（σ，π*），（σ，σ*）（图 1-12），如蛋白质中的肽键具有在 210 nm 处的（n，π*）吸收带和在 190 nm 处的（π，π*）吸收带。

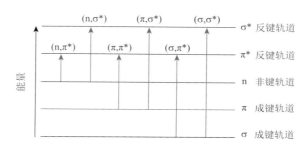

图 1-12　不同轨道类型间的跃迁

分子中一些能够产生紫外吸收的官能团，如碳碳双键、羰基、硝基、芳香环等，被称为生色团（chromophore），生色团使分子的共轭增加，使跃迁能差缩小，吸收光谱向长波方向移动（红移，red shift）。一些本身不吸收紫外光，但连接生色团后能够使分子的吸收红移且吸收强度增大的基团，被称为助色团（auxochrome）。

光谱的强度取决于跃迁概率（transition probability），而跃迁概率取决于电子跃迁的选择定则（selection rule），一些禁阻的跃迁有着较小的跃迁概率，也对应着较小的吸收系数（absorptivity）。例如，在不考虑分子运动的情况下，n→π*跃迁的两个跃迁分子轨道在空间上有着明显的分离，其跃迁概率远远小于没有轨道空间分离的 π→π*跃迁，n→π*跃迁的吸收系数一般在 10～100，而 π→π*跃迁的吸收系数一般在 10^3～10^4，因此相比于 π→π*跃迁来说，n→π*跃迁是禁阻的跃迁。这类禁阻一般称为空间禁阻或重叠禁阻。

选择定则还包括自旋禁阻和对称性禁阻等，如果在跃迁中，电子的自旋保持不变，那么分子中的电子总自旋为 0，自旋多重性（spin multiplicity）为 $2S+1=1$，称为单线态（S）。如果电子自旋在跃迁中发生了翻转，那么分子的总自旋变成了 $1/2+1/2=1$，自旋多重度变为 $2S+1=3$，称为三线态（T）。在跃迁中，电子的自旋保持不变，也就是只能在自旋多重性相同的两个能级间跃迁（S↔S，T↔T）。虽然也有基态是三线态的分子（如氧气），但大多数分子的基态是单线态（S_0），S_0→T_1 的跃迁是自旋禁阻的，吸收系数在 10^{-3}～10^{-2}。

如果对分子轨道的波函数进行对称操作后其符号不变，这样的分子轨道被称作 g（gerade）轨道，如果符号改变，被称作 u（ungerade）轨道，分子跃迁在不同的对称性轨道之间是允许的，如 u↔g、g↔u，相反，u↔u、g↔g 则是对称性禁阻的。以上的选择定则并不是非常严格的规律，只能说这些禁阻的跃迁有着相对更小的跃迁概率，而它们的跃迁概率也可能因为温度改变、重原子引入、分子运动等原因得到提高。

物质吸收了光子或者其他能量被激发到了高能级后，可能以各种途径回到基态，如果分子以发射光子的形式回到基态，则称为光的发射（图 1-13）。古人早已发现物质发光的现象，例如，《后汉书》中就有"夜光璧"的记载，一些矿石能在白天吸收光后在夜晚缓慢释放微光。欧洲中世纪的人们将这些有夜光的矿物称为磷光体（phosphor）。1833 年，在实验光学领域有着重大贡献的苏格兰爵士大卫•布儒斯特发现，当白光穿过树叶的乙醇萃取物时，液体会发出红光。后来的科学家斯托克斯提出这是物质吸收了光再发射光的现象，而且发射的光的波长都要比吸收的光的波长更长。吸收光和发射光的波长移动被称为斯托克斯位移（Stokes shift）。1853 年，斯托克斯将这种光的发射现象命名为荧光（fluorescence）。19 世纪，人们将光的发射现象区分为激发和发射同步的荧光，以及激发后发出余晖的磷光（phosphorescence），它们统称为发光（luminescence）。

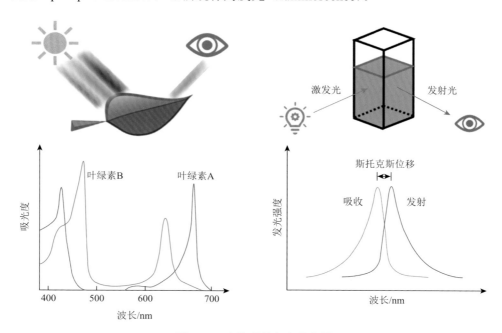

图 1-13　光的吸收和光的发射

1935 年，波兰科学家雅布隆斯基（Jablonski）提出的 Jablonski 图示用简单的能级图集中地体现了光在基态和激发态之间跃迁的各种途径（图 1-14）。Jablonski

图示用横线描述基态和激发态（包括单线态和三线态），每个能级的电子态都包含了若干的振动态，跃迁从基态 S_0 激发到高能级 S_n，这时激发态分子会通过快速的振动弛豫（vibrational relaxation）和内转换（internal conversion）过程从高激发态弛豫到第一激发态 S_1，而不会直接从高激发态回到基态，这被称为卡沙规则（Kasha's rule），S_1 态的分子可以通过辐射跃迁（radiative transition）回到基态发出荧光，也可以通过分子运动和碰撞等方式产生热从而以非辐射跃迁（non-radiative transition）回到基态。另外，S_1 态分子还可能通过系间窜越（intersystem crossing）到达三线态，而后可以通过非辐射跃迁产生热或辐射跃迁发出磷光。由于系间窜越的速率普遍很慢，所以三线态和磷光的寿命相比单线态和荧光来说要长得多，磷光的产生也比荧光更难且更少见。如果三线态的分子通过反向系间窜越（reverse intersystem crossing）再次回到单线态后辐射跃迁回基态，这时的荧光寿命也较长，被称为延迟荧光（delayed fluorescence）。

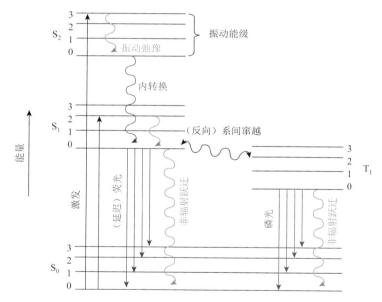

图 1-14　Jablonski 能级示意图

发光有一些基本特征，包括发光的强度（intensity）、发光量子产率（quantum yield）、衰减寿命（lifetime）等，从这些特征中可以分析辐射跃迁的效率和速率等，它们也是发光材料的指纹（图 1-15）。这些特征常常因为受到激发态分子周围环境的影响（如环境的 pH、温度、黏度、压强、溶液的极性和提供氢键的能力、络合离子或其他影响荧光的物质的存在等）而发生改变，因此荧光分子可以用作检测器（sensor）和探针（probe）来检测环境信息的变化。这些环境因素影响荧光的方式除了改变分子的能级排布，或是引发化学反应改变荧光物质本身之外，还包括影响荧光分子的激发态过程，如分子内电荷转移（intramolecular charge transfer）、分子构型改变（conformational change）、电子转移（electron transfer）、质子转移（proton transfer）、能量转移（energy transfer）、形成激基缔合物/激基络合物（excimer/exciplex formation）等。例如，一些具有电子供体-受体结构（donor-acceptor structure）的分子对其所在的溶液极性非常敏感，极性溶剂可以促进分子发生电荷转移且发光红移；再如，一些分子在单分子状态下发一种颜色的光，但两个分子结合在一起组成激基缔合物后发光会红移。人们可以对这些发光改变的现象加以利用，设计出原理各异的发光材料，作为荧光分析的工具。

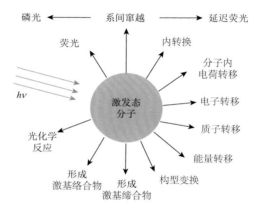

图 1-15 激发态回到基态的途径和各种过程[14]

光和物质的相互作用还有光的散射。当光线照射到尺度大的物质表面会发生光的反射，而如果物质颗粒较小甚至小于光的波长时，一束光的一部分会被微粒改变传播方向，这种现象称为光的散射（图 1-16）。如果光只发生方向改变而频率不变，这就是瑞利散射，天空之所以是蓝色正是因为瑞利散射，大气中的气体分

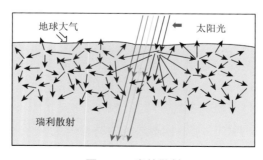

图 1-16 光的散射

子可以散射光线，散射的程度和波长的四次方成反比，所以波长短的蓝光比其他光更加容易被散射，大气层各个方向上被散射的蓝光使天空变成蔚蓝色。有时光的频率会被微粒分子的振动所改变，这样的散射称为拉曼散射，分子对光的频率的改变能力由分子的自身特性决定，所以拉曼光谱能提供分子振动能级的信息。

总的来说，物质从外界吸收能量，其分子受到激发后经过调整，发出反映物质特征的光。每种物质有自己特定的能级分布，对应的光的吸收和发射的波长和强度各不相同，而且并非任何两个能级的跃迁都是允许发生的。所以光的吸收、发射、散射等现象，可以让人们获得有关物质的组成和结构的丰富信息。不同波段的光谱能够引起分子中不同能级间的跃迁。X 射线能够激发原子核内层电子的能级跃迁，得到电子能谱。紫外和可见光区能激发核外层价电子的跃迁，得到紫外可见吸收光谱和相应的荧光发射光谱。红外光可以激发分子在振动能级的跃迁，得到反映分子振动信息的红外光谱。微波区能引发分子转动和电子自旋能级的跃迁，射频区能引发核自旋能级跃迁等。这些众多的光谱手段是现代科学研究物质结构和性质的重要手段，是化学研究的重要基石。

1.5 不同发光类型

对光的本质的探索开启了人们对量子世界的认知，使人们发现了分子发光的规律并发展了光谱这一理解世界的重要手段（图 1-17）。与此同时，人们也在不停地探索各种类型的"发光"，创造、控制和利用光，拓展"发光"的应用场景，从而深刻地改变了现代人的生活方式[15-16]。

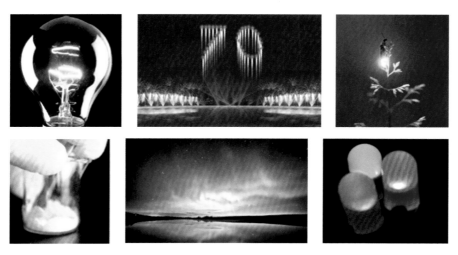

图 1-17 不同形式的发光

自古以来人们就离不开太阳和火这样的高温自然光源，发光物质中的分子处于不停的热运动中，它们在不同的激发态都有所分布，从高激发态跃迁回较低能量状态时发射光子，表现为热辐射。所有物体都有不同范围的热辐射，例如，人体可以向外辐射红外光，熔化的铁可以发出红黄色的光，白炽灯通电时因灯丝达到非常高的温度而辐射出可见光。

还有一些发光现象并不需要提高物体的温度，称为"冷光"。通过某种形式的能量输入，物体分子的电子被激发，当分子从激发态回到基态时发光。一些物质和氧气发生反应时产生的化学能有可能使物质激发产生光能，例如，烟花中的镁燃烧氧化会发出耀眼的白光，腐败生物中产生的磷在空气中缓慢氧化发出"鬼火"等，这些都是化学发光（chemiluminescence）。另一类化学发光出现在生物体中，也称为生物发光。以最有代表性的萤火虫为例，它的尾部可以发出明明灭灭的幽幽绿光，萤火虫发出的光基于其体内的化学反应——萤光素在萤光素酶的催化下结合细胞内的氧气和储能单元 ATP 分子将化学能转化成光能。不同的发光生物有着各不相同的发光物质和发光机制，日本科学家下村修分离出了维多利亚多管发光水母中的发光成分，它是一种能够引发化学发光的蛋白质，这种物质还能在蓝光激发下发出绿色荧光而被称为绿色荧光蛋白（GFP），GFP 可植入细胞内跟踪生物过程，所以被广泛地用于生化和医学研究。2008 年，下村修因发现 GFP 而被授予诺贝尔化学奖[17]。

自然中有着各种电能转化为光能的例子，宇宙中的带电粒子射向地球被地球的磁场约束到两极，这些能量较高的粒子激发空气中的气体分子，气体分子回到基态时可以发出斑斓的极光。稀有气体霓虹灯也是电场下气体发光的例子之一，气体中的一些带电粒子在电场中被加速，高速的粒子碰撞导致更多原子被电离产生出大量带电粒子使得气体导电，在这个过程中一些粒子会被激发到高能态从而发光。闪电和两个电极击穿空气产生电火花也是同样的道理。

除了以上提及的空气发光外，有一些固体发光材料在通电后可以直接将电能转化为光能，这种发光现象称为电致发光（electroluminescence）。现代生活随处可见的发光二极管（LED）就是一种电致发光的半导体器件。在半导体晶体中，不同原子之间相互影响，外层电子的轨道相互重叠，让电子可以在整个晶体中运动，原本分立的原子能级分裂成很多接近的能级，这些能级几乎可以看作是连续的，因此被称为能带，不同能带间的能量间隔称作禁带。LED 由两种半导体材料组成：一端掺杂了缺电子元素如三价元素硼、镓等的半导体，称为 p 型半导体；另一端掺杂了富电子元素如五价元素磷或砷等的半导体，称为 n 型半导体，两种半导体构成了称为 p-n 结的基本结构。当两端加上电压后，电子可以由 n 端流通至 p 端使半导体导电，当电子和缺少电子的"空穴"结合时，电子跌回较低的能带，从而发出光子。发光的波长与禁带的能差有关。20 世纪 70 年代末，除了蓝色 LED 光源，其他波长的光源都逐渐成熟，而蓝光 LED 的缺失导致由三基色复合而成的白光 LED 无法实现。1989 年，日本科学家赤崎勇与天野浩首次成功研发出蓝光 LED。1993 年，日本日亚化工的一位普通职员中村修二独立发明了基于氮化镓的有商业价值的蓝光 LED，他从默默无闻到举世瞩目的奋斗经历让他成为传奇。2014 年，他与前两位科学家共同获得诺贝尔物理学奖[18]。

　　LED 使用的是无机电致发光材料，而近年来有机电致发光材料越来越多地出现在人们的视野中，这主要是由于有机发光二极管（OLED）在智能手机屏幕上得到越来越广泛的应用。类似 LED 的 p-n 结的结构，OLED 有着电子传输层和空穴传输层，在这两层中间有一层有机发光材料，电子和空穴在发光材料层结合从而激发发光材料发出光子。OLED 有着不需要背光源、耗电低、反应迅速、柔性可折叠、视角广、对比度高等诸多优点，在未来主导电子屏幕市场是大势所趋。

　　机械能可转化成光能，摩擦物体导致的发光称为力致发光。早在 17 世纪人们就发现在黑暗中糖块被摩擦时会发光，发光机理并不十分明确，常见的说法是冰糖晶体在断裂的过程中断面会带上正负电荷，电荷中和时能激发空气中的氮气分子使之发光。也有一些晶体的力致发光被认为是晶体本身被激发而发光。虽然力致发光是个很早就被发现的古老现象，但发光的原理还有待更加深入地研究[19]。

　　除了以上提到的热能、化学能、电能、机械能可以转化成光能外，更简单的方式就是前面提到的用相对短波长的光激发发光材料得到相对长波长的光，也就是光致发光（photoluminescence）。生活中常见的荧光灯就利用了光致发光，灯管内壁涂有荧光粉，通电时灯管两端发出紫外光，紫外光激发管壁的荧光粉发出可见光。光致发光是发光现象中研究最多且应用最广的，也是研究所有发光现象的基础。不同物质的发光强度、波长、寿命等各不相同，这些发光现象、发光机理，以及材料的"结构-性质关系"的研究在 20 世纪开始得到了充分的发展。

1.6　发光材料

　　发光材料从化学本质角度可以简单区分为无机材料和有机材料。早在 19 世纪人们就发现了 BaS、ZnS、$CaWO_4$ 等无机发光材料，而后的 20 世纪出现了一系列发光波长不同的无机材料，被广泛地用于照明和显示。从 20 世纪 60 年代起，激光器和无机半导体 LED 器件等也开始出现并逐渐发展，如今已在现代生活中扮演着举足轻重的角色。20 世纪 70 年代，镧系稀土离子和稀土配合物因其无比丰富的能级成为理想的发光材料。20 世纪 80 年代，科学家发现 CdS 纳米颗粒的发光波长随着颗粒的大小改变而变化，量子点的概念被提出，而后量子点被用于屏幕成像和生物荧光标记等领域[20]。值得一提的是 2023 年诺贝尔化学奖颁发给量子点的发现和研究者。

　　早期的有机发光材料多见于衣物染料和色素，如 1871 年第一个人工合成的有机荧光染料荧光素（fluorescein）。经历了一个多世纪的发展，如今的有机发光材料种类众多且应用广泛，可以分为纯有机小分子、有机配合物、有机高分子、生物大分子等。它们一般带有共轭的芳香环和各种包含杂原子的生色团（图 1-18）。传统的小分子有机发光材料包括不含杂原子的蒽、芘等分子和一些富含杂原子的分子，如荧光素衍生物、罗丹明衍生物、香豆素衍生物、BODIPY 衍生物等。相比无机发光材料而言，有机发光材料由于材料寿命等原因在照明等领域不如无机材料实用性高，但它有着种类更加丰富、分子设计灵活、功能多样、生物兼容性高等独特的优势，可以在有机发光二极管、荧光传感器、生物医疗等领域发挥不可替代的作用。例如，医学检测中常见的免疫荧光法使用的就是有机荧光材料[21]。

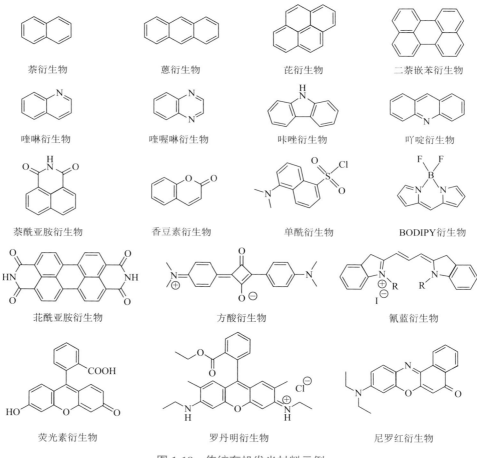

萘衍生物　　　　　蒽衍生物　　　　　芘衍生物　　　　　二萘嵌苯衍生物

喹啉衍生物　　　喹喔啉衍生物　　　咔唑衍生物　　　　吖啶衍生物

萘酰亚胺衍生物　　香豆素衍生物　　　单酰衍生物　　　BODIPY衍生物

苝酰亚胺衍生物　　　方酸衍生物　　　　氰蓝衍生物

荧光素衍生物　　　　罗丹明衍生物　　　　尼罗红衍生物

图 1-18　传统有机发光材料示例

如前所述，环境因素的改变会影响分子的发光行为，其中分子的分散和聚集状态就是非常重要的环境因素之一。传统的平面型小分子发光材料在固态时常常发生聚集导致猝灭（aggregation-caused quenching，ACQ）的现象，简称 ACQ 现象。为了避免聚集的发生，这些材料在实际应用中需要使用很低的浓度，这会导致这些分子出现明显的"光漂白"现象——随着激发光照射时间延长，分子的发光逐渐减弱。将小分子掺杂分散到基质中也是避免聚集的方法之一，但分散的小分子也常常随时间推移自发聚集结晶，从而猝灭荧光。可见 ACQ 现象对有机发光材料在聚集态的应用造成了严重的阻碍。

科学史在 21 世纪发生了转折。2001 年，唐本忠课题组发现了与 ACQ 完全相反的现象：一些有着可转动或振动基团的非平面分子，在溶液中处于分散状态即分子可以自由运动的时候，在紫外光激发下不发光或发光很微弱，而当这些分子聚集在一起后，即分子运动受到限制时，它们可以发出明亮的光（图 1-19）。唐本忠将这一现象命名为聚集诱导发光（aggregation-induced emission），简称 AIE 现象。第一篇 AIE 论文报道的六苯基噻咯（HPS），在溶解于良溶剂四氢呋喃中时不具备发光能力，如果往溶液中加入水这一不良溶剂，HPS 分子会逐渐聚集在一起，形成的 HPS 聚集体则可以在紫外光激发下发出很强的荧光[22]。

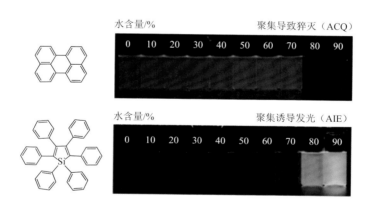

图 1-19　二萘嵌苯和六苯基噻咯在四氢呋喃和水的混合物中随着水的比例增加出现 ACQ 和 AIE 两种相反的现象[23]

这一现象的发现是现代发光材料史上的里程碑，打开了发光材料研究的新视野，大大拓宽了有机发光材料在聚集态的应用场景（图 1-20）。在过去的 20 多年里，AIE 研究呈指数型增长，科研工作者设计创造出了成百上千种新型 AIE 材料，这些材料在有机发光器件、荧光分析检测、生物成像、光学治疗等多领域大展拳脚[23]。不仅如此，人们还通过多学科整合，在 AIE 研究这棵大树上开枝散叶，发展出有机室温磷光、簇发光、圆偏振发光等各类研究分支。如今，AIE 研究已经成为"理""化""生""材"全覆盖的前沿科学，吸引着众多学子拿下接力棒，继续驰骋在这一中国人领跑的研究赛道，探索发掘"聚集体科学"的魅力[24]。

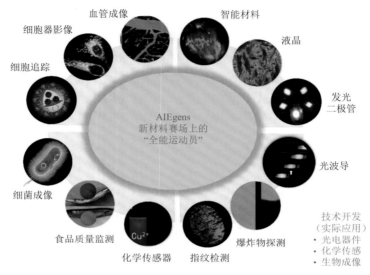

图1-20　有代表性的 AIE 分子骨架和 AIE 材料广泛的应用途径[23]

参 考 文 献

[1] 莱姆. 眼睛的进化路线图. 王天奇，译. 环球科学，2011（8）：76-81.

[2] 王怀义. 中国史前神话意象. 北京：生活·读书·新知三联书店，2018.

[3] 阿西莫夫. 日暮. 冉隆森，译. 成都：四川科学技术出版社，2003.

[4] 王冰. 物理学史话. 北京：社会科学文献出版社，2011.

[5] 沃姆斯利. 牛津通识课：光学. 叶昊扬，周应秋，译. 杭州：浙江科学技术出版社，2021.

[6] 特纳. 光的故事. 伦敦：英国广播公司，2007. https://www.bbc.co.uk/programmes/b0074qv9.

[7] 麦克法兰，马丁. 玻璃的世界. 管可秾，译. 北京：商务印书馆，2003.

[8] 高鹏. 从量子到宇宙：颠覆人类认知的科学之旅. 北京：清华大学出版社，2017.

[9] 张三慧，史田兰. 光学近代物理. 北京：清华大学出版社，1996.

[10] 胡望雨，李衡芝. 普通物理学（光学和近代物理）. 北京：北京大学出版社，1990.

[11] 樊美公. 光化学基本原理与光子学材料科学. 北京：科学出版社，2001.

[12] 高爽. 高爽·天文学通识30讲. 北京：北京高教电子音像出版社，2019.

[13] 孟令芝，龚淑玲，何永炳，等. 有机波谱分析. 4版. 武汉：武汉大学出版社，2016.

[14] Valeur B. Molecular Fluorescence: Principles and Applications. Hoboken: Wiley-VCH Verlag GmbH, 2001.

[15] 徐叙瑢，楼立人. 发光及其应用. 长沙：湖南教育出版社，1994.

[16] 雷仕湛，屈炜，缪洁. 追光——光学的昨天和今天. 上海：上海交通大学出版社，2013.

[17] The Nobel Prize in Chemistry 2008. https://www.nobelprize.org/prizes/chemistry/2008/summary/.

[18]　The Nobel Prize in Physics 2014. https://www.nobelprize.org/prizes/physics/2014/summary/.

[19]　杨蓉，杨一心. 摩擦发光的起因及其机理. 化学研究与应用，2001，13（1）：10-15.

[20]　Feldmann C，Jüstel T，Ronda C R，et al. Inorganic luminescent materials：100 years of research and application. Advanced Functional Materials，2003，13：511-516.

[21]　Lavis L D, and Raines R T. Bright building blocks for chemical biology. ACS Chemical Biology，2014，9：855-866.

[22]　Luo J D，Xie Z L，Lam J W Y，et al. Aggregation-induced emission of 1-methyl-1, 2, 3, 4, 5-pentaphenylsilole. Chemical Communications，2001，18：1740-1741.

[23]　Mei J，Leung N L C，Kwok R T K，et al. Aggregation-induced emission：Together we shine，united we soar!. Chemical Reviews，2015，115：11718-11940.

[24]　Tu Y, Zhao Z, Lam J W Y, et al. Aggregate science：Much to explore in the meso world. Matter，2021，4：338-349.

第2章

>>

与聚集诱导发光的美丽邂逅

2.1 聚集诱导发光理论的提出

聚集诱导发光现象的发现是一场不期而遇的美丽邂逅，这其中有偶然，也有冥冥之中的定数。

时针拨回至 20 世纪 80 年代。彼时的唐本忠以优异成绩取得了华南理工大学高分子专业学士学位，并作为我国改革开放后首批公费留学生，被教育部选送到日本京都大学高分子化学系攻读高分子专业博士学位。首批公费留学生无疑是当时中国大学生里最优秀的一批人（图 2-1）。初到京都大学的唐本忠深刻感受到了中国当时的科研水平与日本的巨大差距。唐本忠说："当时日本大学生的科研水平比我们大学老师水平还高。"他非常珍惜在日本学习的机会，加倍努力来克服自己专业水平的不足和语言的障碍。

图 2-1　改革开放后首批公派留日 148 名研究生在大连外国语学院进行语言培训
（第三排右 13 为唐本忠）

唐本忠在日本的导师是东村敏延教授和增田俊夫教授（图 2-2），均是世界知名的高分子化学家。唐本忠被分配做关于高分子热裂解、放射性分解、机械性能评估、气/液分离等方面的研究。课题组在研究方向上有明确且严格的分工，不允许同学涉及其他方向的研究课题。唐本忠深知化学的核心基础是合成。为了学习有机合成技术，他做好自己课题的同时，主动替日本同学干活，晚上在实验室练习做小分子单体和高分子的合成。为了完成自己的科研课题和学习合成技术，他的时间用分秒来计算，每天闻鸡起舞，披星戴月。为了节省宿舍到实验室的时间，他甚至经常翻越离宿舍较近的偏僻校门进出学校。唐本忠说："大家都认为我合成很厉害，实际上合成是我自学的，在夜深人静之时练出来的。"也是在这个学习合成的过程中，唐本忠第一次与后期发现聚集诱导发光现象的小分子 1-甲基-1, 2, 3, 4, 5-五苯基噻咯（1-methyl-1, 2, 3, 4, 5-pentaphenylsilole）相遇。他当时想以 1-甲基-1, 2, 3, 4, 5-五苯基噻咯为原料，通过热致开环聚合（thermal-induced ring opening polymerization）方法来得到新型高分子聚合物，尝试了很多条件都没有成功。但是，1-甲基-1, 2, 3, 4, 5-五苯基噻咯在纯化时意外地长出了一块大结晶。一天深夜离开实验室时，他关灯后突然瞥见这块结晶发出漂亮绿光，这给他留下了非常深刻的印象。这也许就是幸运之神对勤奋者的眷顾与嘉奖。当时他的兴趣在高分子合成，因此没有沿着发光方向对 1-甲基-1, 2, 3, 4, 5-五苯基噻咯进行深入研究，也没有想到这是助力开创一个全新领域的"星星之火"。

图 2-2　在日本京都大学留学期间的唐本忠（中）与导师东村敏延教授（左）、同学青岛贞人（右，现大阪大学高分子化学教授）

唐本忠于 1985 年和 1988 年从京都大学先后获得硕士和博士学位，之后他在住友化学和 NEOS 株式会社实习和工作了一段时间。1989 年唐本忠远赴加拿大，到多伦多大学从事博士后研究。1994 年，唐本忠到香港科技大学任助理教授，开始了带学生、领团队的独立研究生涯（图 2-3），主要研究方向为基于三键聚合的高分子的合成。

图 2-3　20 世纪末，唐本忠课题组合影

时间来到了 2000 年左右，当时 OLED（有机发光二极管）的研究非常火热，科学家争相研发高效有机发光材料。唐本忠又想起了那块在黑夜中散发美丽光芒的晶体，就安排学生去研究 1-甲基-1, 2, 3, 4, 5-五苯基噻咯的发光性质。一段时间过后，被安排的学生汇报说，所合成的分子不发光。这让唐本忠非常惊讶，因为他清楚地记得在读博士期间制备的 1-甲基-1, 2, 3, 4, 5-五苯基噻咯在晶体状态下是发光的。随后，他让另外一位同学去重复这个实验，而这个同学汇报说，1-甲基-1, 2, 3, 4, 5-五苯基噻咯的发光性能非常优异。两个同学所得到的完全相反的结论让唐本忠意识到事有蹊跷。在与学生仔细求证和反复讨论之后，最后确认两位同学的结论都是对的：1-甲基-1, 2, 3, 4, 5-五苯基噻咯不发光的结论是基于溶液状态，而 1-甲基-1, 2, 3, 4, 5-五苯基噻咯发光性能优异的结论是基于固态。多次重复实验均验证了这个结论。并且，通过混合溶液的使用，成功得到了分散于混合溶剂中的聚集态 1-甲基-1, 2, 3, 4, 5-五苯基噻咯，荧光量子产率测试结果进一步证实了其在溶液中不发光，而在聚集态发光显著增强的现象（图 2-4）。唐本忠将这种现象命名为聚集诱导发光（aggregation-induced emission，AIE）。这个具有划时代意义的科研成果于 2001 年发表在 *Chemical Communication*（2001，18：1740-1741）上[1]。在发光研究领域，人们常常观察到有机染料的荧光会随着分子聚集而减弱甚至猝灭，这种现象通常被称为聚集导致猝灭（ACQ），这是一个写在教科书上的常识。噻咯体系出现反 ACQ 现象令人困惑，同时凭借多年积累的科学鉴赏力，唐本忠敏锐地意识到这个发现的重要性。

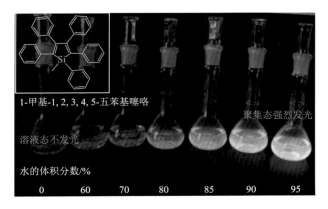

图 2-4　1-甲基-1, 2, 3, 4, 5-五苯基噻咯的聚集诱导发光现象（图中最下面一行数字表示乙腈/水混合溶剂中水的体积分数）

在这篇论文发表的时候，唐本忠以为这种反常规的现象是没有先例的。然而，随着时间的推移，逐渐发现其他科学家也曾报道过类似现象。例如，乔治·斯托克斯（George Stokes）在 1853 年的一篇文章中写道，一些无机氰化铂盐在固态时"敏感"（翻译成现代术语即"发光"），但它们的溶液看起来与水无异（即不发光）。遗憾的是，乔治·斯托克斯没有对这种现象进行深入研究。其他科学家也应该在不同染料体系中发现过类似现象，但没引起人们的重视。唐本忠对这些早期工作并不惊讶，因为他明白科学的进步是一个连续的过程，而不是前无古人的一蹴而就。乔治·史密斯（George Smith）曾说："很少研究突破是全新的。几乎所有的突破都是建立在前人研究的基础之上的。"发现往往是偶然的，聚集诱导发光就是被"重新发现"的一个古老但未被重视的自然现象。幸运的是，唐本忠抓住了机会，站在巨人肩膀上看到了更高更远的地方。

聚集诱导发光概念的提出颠覆了 ACQ 的传统认知，打破了传统有机发光材料开发应用的一大桎梏，为高效发光材料的设计提供了一条新思路，构筑了一个发展固体发光材料的新平台。聚集诱导发光概念提出后的一段时间内并没引起多大关注，间或还受到嘲讽，是一个相当寂寞的"冷板凳"。但唐本忠和他的团队以十二分的热情去面对问题，以兢兢业业的匠人精神去克服困难，开展了大量的研究工作，纵向深究工作机理、发展设计理念，横向丰富聚集诱导发光材料、拓展应用领域，最终将"冷板凳"坐热，将聚集诱导发光打造成一个具有广泛国际影响和刻有深深中国烙印的科学品牌。

过去二十年是聚集诱导发光研究的快速发展期，我国原创的聚集诱导发光科技现已得到国际上化学、材料、生物、医学等领域的科学家和产业界人士的广泛关注。2001～2023 年，全世界约有 80 多个国家（地区）、2000 余家科研机构、23900

多名科研工作者从事聚集诱导发光以及相关领域的研究工作。现在，聚集诱导发光已经发展成为一个由我国科学家引领、国外科学家竞相跟进的全球热门研究主题，完成了从新概念到新领域的进阶，促进了研究哲学从还原论到整体论的范式转移和聚集体科学的平台构筑。

如今，再次回顾证实聚集诱导发光的过程，唐本忠总结说："科学研究就是'见人皆所见，思人所未思'。要敢于跳出框框，力争比巨人看得更高更远。在科学研究中，批判性思维极其重要。通过对各种旧事物进行融会贯通式的深入思考与求索，有可能带来新的发现和突破。从事基础科学研究要敢于质疑、勇于证伪，修正甚至推翻已被广泛接受的理论模型或研究范式。"

2.2 分子内旋转受限机理的提出

自聚集诱导发光的概念问世以来，研究者一直渴望探明聚集诱导发光现象产生的内在机理，这有助于新体系的开发和新应用的拓展。在 2001 年提出聚集诱导发光概念的论文中，分子平面化理论用来解释聚集态的荧光量子产率的增强。但是，这一理论无法支持溶液和聚集态发射波长几乎没有变化的现象，这引起了进一步思索和探究。

继 1-甲基-1, 2, 3, 4, 5-五苯基噻咯的聚集诱导发光的特性被报道以来，多个课题组先后设计合成了一系列噻咯衍生物，发现聚集诱导发光是这一类化合物普遍具有的特性。六苯基噻咯（HPS）是一个典型的例子。HPS 丙酮溶液的荧光量子产率为 0.22%，而 HPS 的纳米聚集态的荧光量子产率高达 56%，增大了 254 倍[2]。这些化合物分子结构的共同特点是外围苯环取代基与噻咯中心以可旋转的单键相连。在溶液中，这些取代基可以绕单键相对噻咯环自由旋转，消耗了激发态能量，形成一个非辐射跃迁渠道。而在聚集状态下，由于空间限制，这种分子内旋转受到了很大阻碍。此外，由于相邻苯环间的位阻排斥作用造成了高度扭曲的分子构型，紧密的面-面堆积不能形成。因此，HPS 分子在聚集态几乎没有 π-π 堆积作用。这样一来，非辐射跃迁渠道被抑制，激发态分子只能通过辐射跃迁回到基态，从而使荧光显著增强。因此，分子内旋转受限（restricted intramolecular rotation，RIR）被认为是聚集诱导发光机理。科学家们设计了很多实验，包括控制外部物理条件（如温度、黏度、压力和结晶等）和内部化学反应（如环化、芳构化、取代和交联等），来验证这一机理。

2003 年，唐本忠课题组研究了温度和黏度对 HPS 溶液荧光的影响[2]。研究发现，HPS 的四氢呋喃溶液在温度降低时荧光强度逐渐增强。推测这是由温度降低使得分子热运动能量降低，促使分子内旋转变得困难所导致的。动态 NMR 证实了这一推测。在溶液中，HPS 分子自由的内旋转会引起分子构象的快速变化，在 NMR 谱图上表现为非常尖锐的信号峰。随着温度的降低，分子内旋转自由度下降，分子构象变化也越来越缓慢，信号峰逐渐变宽。温度的进一步下降使得分子热运动的能量不足以克服分子内旋转势垒，分子内旋转被极大程度限制，从而导致荧光强度的大幅上升。在黏度影响的实验中，甲醇与高黏度的甘油所组成的混合溶剂被用来考察 HPS 的荧光强度随黏度的变化情况。甘油含量为 0%～50%时，荧光强度随甘油含量的增加而直线上升。在甘油含量小于 50%时，甲醇/甘油混合溶剂中的 HPS 仍处于单分子状态，荧光的增强主要是由黏度增加阻碍了单个分子的内旋转引起的。而当甘油含量进一步增加时，混合溶剂的溶解性变差，HPS 在溶液中发生聚集使荧光强度的上升更为迅速。

　　分子内旋转受限机理后续也被量子化学计算和太赫兹技术实验所验证。研究发现，分子在自由状态下非辐射跃迁增强的因素不仅是分子内的旋转，分子内的振动是一样可行的，因此更为完整的分子内运动受限（RIM）机理被提出，并作为聚集诱导发光一个普适性的机理被科学家们接受，成功指导数以千计的新型聚集诱导发光分子的开发[3]。此后，陆续有反卡沙跃迁规则、空间共轭、暗态通道抑制、扭曲的分子内电荷转移等理论被提出。作为在发光领域的一个新鲜事物，聚集诱导发光机理的研究还在路上。

参 考 文 献

[1]　Luo J D，Xie Z L，Lam J W Y，et al. Aggregation-induced emission of 1-methyl-1, 2, 3, 4, 5-pentaphenylsilole. Chemical Communicatons，2001，18：1740-1741.

[2]　Chen J W，Law C C W，Lam J W Y，et al. Synthesis，light emission，nanoaggregation，and restricted intramolecular rotation of 1，1-substituted 2, 3, 4, 5-tetraphenylsiloles. Chemistry of Materials，2003，15：1535-1546.

[3]　Leung N L C，Xie N，Yuan W，et al. Restriction of intramolecular motions: The general mechanism behind aggregation-induced emission. Chemistry-A European Journal，2014，20：15349-15353.

聚集诱导发光研究的蓬勃发展

　　一个科学概念，尤其是原创性的科学概念，其发展历程很少是一蹴而就的。在固有知识体系和思维方式的束缚下，它的发展初期必然是充满争论、饱受质疑的，而这种争论和质疑很可能会贯穿于它的整个发展历程当中。另外，它同样要经受无数次的同行"考验"，直至最后被广泛接受和认可。而这一过程也恰好体现出了科学研究的严谨性，同时也体现出科学研究范式转变的难度及其重要意义。在第 2 章中介绍了聚集诱导发光这一科学概念提出的历史背景。而在 2001 年之后，这一原创性概念是如何发展的，以及在这二十年的发展历程中聚集诱导发光所取得的一系列科学成就，将会在本章中详细介绍。同时，希望能够借助聚集诱导发光这一科学概念的发展历程总结提炼出科学研究中的一些哲学问题。

3.1 聚集诱导发光研究的进展

　　Web of Science 核心数据库统计的结果显示，截至 2022 年 6 月，以"aggregation-induced emission"为主题发表的文章超过 14000 篇，高被引文章 300 余篇，文章总引用超过 42 万次。其中单 2021 年一年间发表文章数就超过 2400 篇，2021 年全年的总引用次数超过 93000 次。2001 年第一篇提出 AIE 概念的文章（*Chemical Communications*，2001，18：1740-1741），目前的总引用次数超过 5000 次。从图 3-1 的统计结果来看，AIE 研究的发展速度呈现指数增长趋势，目前正处于一个高速增长期。然而，回顾自 2001 年第一篇 AIE 文章被刊发后的发展历史，不难发现，它经历了长达八年的"蛰伏期"，2008 年之后 AIE 才进入了一个快速发展的时期，之后逐渐进入高速发展期。

　　作为一个原创性的科学理论，AIE 的发展在初期经历了较长的"冷板凳"时期，一方面是由于大家都尚未认识到它的重要科学意义和应用价值，同时作为概念的提出者自身，也在背后机理和应用前景等方面存在较多疑惑：那下一步该如何发展呢？这既是一个科学问题也是一个哲学问题。Web of Science 的检索结果表

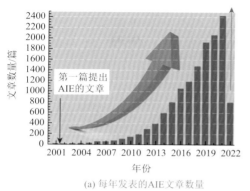

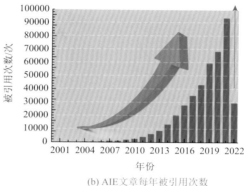

(a) 每年发表的AIE文章数量　　　　　　(b) AIE文章每年被引用次数

图 3-1　每年发表 AIE 文章的数目和 AIE 文章每年被引用的次数

Web of Science 核心合集数据，主题：aggregation-induced emission，时间截至 2022 年 6 月

明，2020 年全年共发表超过八百万篇科学论文，这其中有相当一部分是对现有科学问题的进一步挖掘和探究，其中也不乏一些具有原创性的概念的提出，然而能逐渐发展成为一个科学领域的原创性概念的却凤毛麟角。原创性概念的发展不仅考验一个科研工作者有没有敏锐的洞察力和高瞻远瞩的科学眼光，更考验他在孤寂的科研道路上耐不耐得住寂寞，坐不坐得住冷板凳。不仅仅是科研，事物的发展趋势很少呈现陡然增加或消失的趋势，一般都会经历一个量变引起质变的过程。而量增加的过程就是坚持和探索的过程，这个过程类似于盲人摸象，因为不知道整个事物的全貌怎样，只能一点一点解析它的属性，最后重构出一个整体框架。AIE 的发展正是在经历了这样一个过程之后，迎来了它的量变点，展现出它巨大的理论和应用价值。总之，持之以恒的不懈坚持和对基础概念的深入钻研是发展原创性理论必经的科学发展道路。

基于此，本节将对 AIE 领域从 2001 年至今的关键发展节点进行详细阐述，并进一步总结提炼出它的科学发展经验。图 3-2 列举了 AIE 发展过程中的部分里程碑式工作，不难看出，大部分的重要工作是在 2008 年之后逐渐涌现出来的。而在 2001～2008 年这段时间内，仅有限的文章被发表出来，虽然在数量上看不到 AIE 起步阶段的优势，但这几项重要工作却奠定了 AIE 发展的重要基石，在整个 AIE 发展历程中一直扮演着重要的角色。其中在 AIE 体系上，AIE 材料从小分子拓展到了聚合物、液晶和金属络合物，这大大拓展了它的可适用范围，为后面在不同领域的广泛使用奠定了坚实的基础。AIE 领域的明星分子——四苯基乙烯（TPE），是在 2006 年被首次报道的。虽然噻咯衍生物是首个被报道的 AIE 分子，且它的发光强度和 AIE 性能都稍稍强于 TPE，但由于 TPE 合成简单且易于修饰，因此最终成为被广泛应用的 AIE 分子构筑基元。这从侧面反映了，一个科

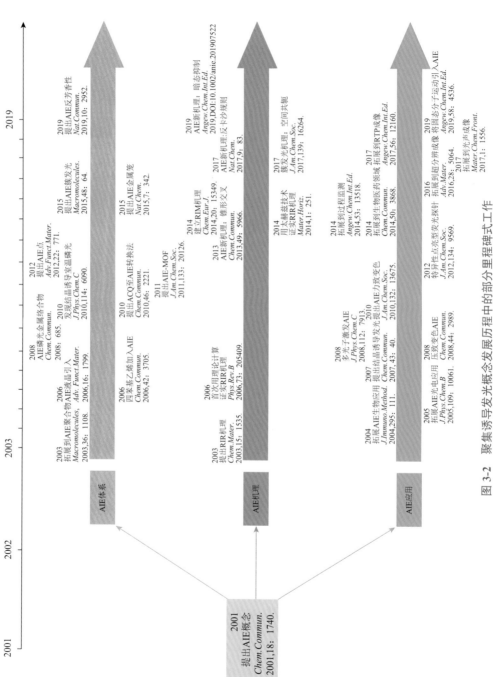

图 3-2　聚集诱导发光概念发展历程中的部分里程碑式工作

学领域的发展需要一个通用的研究平台，也只有这样才能推广其在各个领域的广泛使用，这也正是 AIE 分子在物理、化学、生物和信息技术等领域都能得到广泛使用的原因之一。在前期探索的基础上，新的 AIE 体系在 2008 年之后如雨后春笋般涌现出来，其中比较重要的体系有：结晶诱导的室温磷光体系、AIE 有机金属框架、AIE 点、簇发光体系、AIE 金属笼以及反芳香性 AIE 体系。这些体系的拓展，不单单代表了分子结构种类的增加，更代表了新概念材料的不断出现。

　　机理的完善是科学概念发展的重要支持。前面提到，新的科学概念的研究早期是一个盲人摸象式的量变过程①，机理研究将这一过程体现得淋漓尽致。在 2001 年提出 AIE 概念的文章中，由于当时几乎没有相关的理论可以解释这一奇特的现象，于是结合其他有机发光分子体系中的光物理机制，提出了在聚集过程中，随着不良溶剂的加入，荧光的增强是由分子平面化所导致的[1]。然而这一机制却无法解释聚集后波长基本没发生变化这一光物理现象，这说明平面化的理论机制存在问题。通过进一步的研究，在 2003 年提出了分子内旋转受限（RIR）的机理，即荧光的增强是由具有扭曲结构的 AIE 分子的旋转受限所导致的[2]。之后在 2006 年，帅志刚团队首次利用量子化学计算证实了 RIR 的机理。机理研究的主体框架也是在 2008 年前建立起来的，这个理论目前仍是 AIE 机理研究中的主流机制。在 2013 年，锥形交叉的理论被首次应用于解释 AIE 现象，它非常好地阐释了 AIE 分子溶液态下不发光的原因。除了理论计算作支撑外，2014 年，太赫兹技术成功从实验上证实了 AIE 分子的 RIR 机理。也正是在这一年，较完善的 AIE 机理——分子内运动受限（RIM）被提出。它指出，能导致分子在自由状态下非辐射跃迁增强的因素，不仅包括分子内的旋转，还包括分子内的振动。目前，RIM 机理是 AIE 领域较常用的理论。在此之后，陆续有反卡沙跃迁规则、空间共轭以及暗态通道抑制等理论被提出，它们是在 RIM 的大框架下，对一些特殊情况的详细阐述。机理的研究目前还在进一步的完善之中，而 AIE 机理研究的终极任务是建立全新的聚集态光物理机制，这不仅是对分子光物理理论的补充，更是开启了全新的研究领域。

　　AIE 分子的最大特点之一是在固态下有较高的荧光量子产率，这使人们很容易想到它的一个重要应用——电致发光器件。2005 年，AIE 分子被应用到 OLED 上，然而，在当时材料体系和器件制备工艺的限制下，AIE 分子并没有发挥出人们所预期的"功力"。同时，AIE 分子也早在 2004 年就被应用于生物体系中作为探针使用。之后，AIE 分子被逐渐应用于各个领域，如结晶诱导发光、非线性多光子显微成像、压致变色、力致发光、点亮型荧光探针、过程可视化和检测、生物医药以及各种成像技术。其中成像应用中，不仅能够利用辐射跃迁部分进行荧

---

① 浙江大学高分子科学与工程学系孙景志教授，在讲授的研究生课程《科学研究中的思维方法》中详细讲述了盲人摸象式的科学研究思想。

光成像，还能利用非辐射跃迁部分的能量进行光声和光热成像。在这一过程中，伴随着能源、材料、环境和生物等领域的不断升温，荧光领域的发展进入了一个更加蓬勃的时期。例如，在 2008 年之后，化学界的两次诺贝尔奖都授予了荧光成像领域。一次是在 2008 年，美国华裔科学家钱永健和另外两位美国科学家 Osamu Shimomura 和 Martin Chalfie 因发现和发展了绿色荧光蛋白而荣获该年度的诺贝尔化学奖。另外一次是在 2014 年，美国科学家 Eric Betzig 和 William E. Moerner 与德国科学家 Stefan W. Hell 因在超分辨荧光成像领域的巨大贡献而共享该年度的诺贝尔化学奖。而 AIE 材料顺应着科学发展的潮流，在应用领域大显身手，并且它的应用领域更加广泛。图 1-20 总结了 AIE 材料目前的主要研究方向，可分为显示、成像、探针和传感等几大重要领域。

AIE 材料在这些应用领域当中都表现出了优于传统材料的潜力。例如，在生物成像领域，传统的 ACQ 材料在细胞染色之后必须经过一个清洗的过程，因为残留在细胞周围的材料会产生干扰的信号，影响成像的精准度。然而对于 AIE 材料来讲，残留在细胞周围的 AIE 分子由于处于单分子分散状态，没有荧光产生，而只有进入细胞内部，并与特定细胞器结合，发生一些物理或化学作用并因此导致分子的运动被限制的 AIE 分子才会有荧光发出，这大大提高了细胞成像的精确度。基于分子的光活性，一些 AIE 分子已成功应用于超分辨成像领域。除此之外，在化学传感领域，AIE 材料的点亮型响应特征也赋予了它巨大的应用优势。尤其是将应用与分子内旋转受限机理结合，使得很多物理、化学和生物过程能够被很好地示踪，同时也可以很好地解释一些工作机制问题。在"聚集诱导发光丛书"的其他分册中，将会对 AIE 材料在图 1-20 中的各种应用做详细和系统的总结，如聚集诱导发光实验技术操作、力刺激响应聚集诱导发光材料、有机室温磷光材料、聚集诱导发光聚合物、聚集诱导发光之簇发光、手性聚集诱导发光材料、聚集诱导发光之生物学应用、聚集诱导发光之光电器件、聚集诱导荧光分子的自组装、聚集诱导发光之可视化应用、聚集诱导发光之分析化学和聚集诱导发光之环境科学等。

随着 AIE 体系的不断扩展与应用和机理研究的不断深入，越来越多其他领域的科学家跨学科进行与 AIE 相关的交叉研究，而 AIE 的研究也逐渐从一个概念转变为一个科学研究平台，同时更是一个前沿交叉研究领域。目前已有 80 多个国家的 2000 多个团队开展和 AIE 相关的研究工作。从中国创造到走向世界，AIE 逐渐成为一个科学品牌和中国科学名片在全世界科研领域形成了重要的影响，加速了中国原创性科学研究的复兴之路。同时，AIE 也从一个现象逐渐演化成一门各学科通用的技术，并在此基础上将科学家的研究方向从分子科学时代带入了聚集体科学时代。分子的概念是在 1811 年由阿伏伽德罗提出，自此人们深信，要想揭示万物的工作机制就要从最小的基元研究起，因为它最终决定了物质的特性，由此在多个学科促成了分子科学的研究。但 AIE 使人们深刻认识到，单分子所具有的性质在聚集态下可能会改变甚至消失，除此之外，聚集体可以拥有单分子态下所不具有的特性，由此可以看出对聚集体研究的重要性。如前所讲，AIE 材料的发展具有一定的时代性，尤其是在应用领域，它和其他学科的发展密切相关。然而，随着 AIE 材料在应用领域的大放异彩，越来越多的研究成果都侧面反映出在 AIE 现象背后所存在着的巨大的聚集体科学问题，而这一领域目前仍处于初期的研究阶段，很多基础的问题仍无法用现有的理论解释，如分子聚集之后的堆积方式，以及结构与性能之间的关系。而这些正是驱使相关领域的科研工作者不断探索的动力所在。同时我们也相信随着研究的不断深入，会有越来越多的深层次的理论和机理建立起来。

随着 AIE 研究在全球范围的展开，AIE 逐渐得到越来越多国际同行和相关科研机构的认可和肯定，一方面是因为它在基础光物理机制研究领域有着重要的科学意义和价值，另一方面也得益于其广泛的应用价值。在 2013 年和 2015 年汤森路透推出的化学和材料科学领域研究前沿的排名中，聚集诱导发光相关研究分别位列第三和第二位（图 3-3）。2020 年 10 月 7 日，国际纯粹和应用化学联合会（IUPAC）正式公布 2020 年度化学领域十大新兴技术，聚集诱导发光赫然在列。这既反映出 AIE 领域研究的热度，同时也展现了 AIE 领域极大的发展潜力。

2013年化学和材料科学领域研究前沿（汤森路透）

排名	研究前沿	核心论文数量	引用	核心论文发表的平均年份
1	增强可见光催化产氢	43	1620	2011.2
2	钌或铑催化的氧化C—H键活化	46	1900	2011.0
3	聚集诱导发光特征与结构	47	1989	2010.9

2015年化学和材料科学领域研究前沿（汤森路透）

排名	研究前沿	核心论文数量	引用	核心论文发表的平均年份
1	铜催化的烯烃的三氟甲基化	28	2151	2012.5
2	聚集诱导发光化合物的制备、性质和细胞成像应用	44	2849	2012.4

图 3-3　聚集诱导发光相关的研究在 2013 年和 2015 年的化学和材料科学领域研究前沿排名中分别排第三和第二位（数据来自于汤森路透）

2016 年，*Nature* 杂志发表了一篇专题文章，评出了最有可能驱动纳米光革命的四大材料体系，分别是量子点、聚合物点、聚集诱导发光点和上转换材料微粒

（图 3-4）。这充分体现了聚集诱导发光材料在生物相关领域的巨大应用前景。例如，最近的研究结果表明，聚集诱导发光材料不仅可以发挥由成像而带来的诊断和导航作用，而且可以充分利用非辐射跃迁能量而进行疾病的治疗。以聚集诱导活性氧产生为例，它的作用机制是 AIE 分子在形成纳米粒子后，其较长的激发态电子寿命可以提升将三线态氧转化为单线态氧的效率，同时也可提升形成氧自由基和过氧化物的效率。此外，这些活性氧物种可以有效地杀死癌细胞或者病原体达到疾病治疗的效果。另外，根据 AIE 的分子内运动受限机理，科学家们反其道而行，设计出了具有较强的激发态分子运动的近红外激发材料。这些分子一般有较大的自由体积，在聚集态时仍可进行局部分子内和分子间的运动。而这些激发态的分子运动会导致大部分的激发态能量通过非辐射跃迁的通道进行耗散，最终产生光热实现对肿瘤细胞或者病原体的杀伤。在最新的应用研究中发现聚集诱导发光材料的应用已经不局限于发光领域。聚集体除了辐射跃迁行为被较多利用外，它的非辐射跃迁部分的能量有更为广阔的应用。同时 AIE 也逐渐从一张科学名片变为一个科学领域，即聚集体科学，发挥着愈发重要的科学价值。

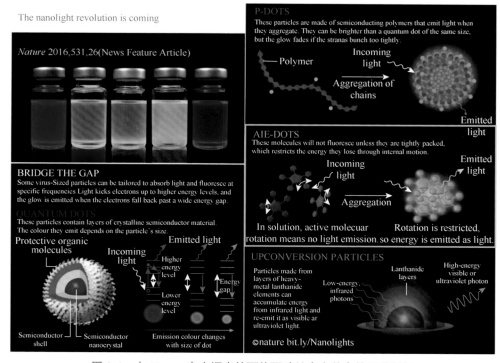

图 3-4　由 *Nature* 杂志评出的可能驱动纳米光革命的四种材料

综上可以发现 AIE 研究成果是辉煌的，令人瞩目，但它的科学发展史却并非一帆风顺，而是在经历过一段漫长的蛰伏期后，伴随着科学发展的新浪潮进入了蓬勃发展的时代，取得了一些阶段性的成果和成就。对科学概念或现象背后的深层次理论的挖掘是推动领域进步和革新的核心，这个过程也许略显枯燥，而且布满荆棘，但坚持不懈地钻研最终一定能够柳暗花明，实现质的突破和飞越。真正的原创性科学概念的发展一定不是随波逐流，因为那样迟早会失去原创性并被历史所淘汰。同时在材料领域，基础理论的发展一定要落脚在人民和国家的重大需求上，这样才能形成明确的发展目标。基于前期取得的成果，在 AIE 领域后期的发展中，一些独具特色的应用和理论被成功挖掘出来，逐渐使 AIE 材料成为一种不可替代的材料。同时，AIE 材料的研究也从发光本身延伸到各个领域。人们逐渐发现之前在单分子状态下建立的理论模型和机理，在聚集态下不能成立。基于此，一系列聚集态相关的原创性理论被逐渐提出，实现了从分子科学向聚集体科学的历史性转变，而未来聚集体科学的研究将更加辉煌。

3.2　聚集诱导发光研究的成就

在 3.1 节有关聚集诱导发光的发展历程中简单介绍了 AIE 发展现状以及 AIE 研究所取得的一些成就。本节将对聚集诱导发光研究的成果作简单总结，相信在这些成果的支撑下，读者能更加全面地了解聚集诱导发光研究的全貌，见证它取得的阶段性成就。

论文的发表情况是基础科学研究的一项重要评价指标。前面已经提到，截至 2022 年 6 月，以 "aggregation-induced emission" 为主题发表的文章超过 14000 篇，总引用超过 42 万次。在惊人的发文量背后，文章的质量显得更加重要。从 2013 年至今，有超过十本国内外期刊刊发过以聚集诱导发光冠名的专刊（表 3-1），如 *Sci. China Chem.*，*J. Mol. Eng. Mater.*，《化学学报》，*Small*，*Faraday Discuss.*，*ACS Appl. Mater. Interfaces*，*Isr. J. Chem.*，*Chem. Asian J.*，*Angew. Chem. Int. Ed.*，*Adv. Opt. Mater.*，*Chem. Res. Chin. Univ.*，和 *Natl. Sci. Rev.* 等。这些专刊的发表不仅是对聚集诱导发光研究所取得的阶段性成就的肯定，同时也进一步扩大了 AIE 在国际上的影响力，吸引更多的学者进入这一领域。

表 3-1　部分期刊以聚集诱导发光为主题的专刊

编号	期刊名称	出版年	卷	主办单位
1	*Sci. China Chem.*	2013	56	（中国）中国科学院、国家自然科学基金委
2	*J. Mol. Eng. Mater.*	2013	1	（新加坡）World Scientific
3	《化学学报》	2016	74	（中国）中国化学会、中国科学院上海有机化学研究所

续表

编号	期刊名称	出版年	卷	出版社
4	*Small*	2016	12	（德国）威立出版集团
5	*Faraday Discuss.*	2017	196	（英国）英国皇家化学学会
6	*ACS Appl. Mater. Interfaces*	2018	10	（美国）美国化学会
7	*Isr. J. Chem.*	2018	58	（以色列）以色列化学会
8	*Chem. Asian J.*	2019	14	（德国）威立出版集团
9	*Angew. Chem. Int. Ed.*	2020	29	（德国）威立出版集团
10	AIE 虚拟专刊	2020		（美国）美国化学会，（英国）英国皇家化学学会，（德国）威立出版集团
11	*Adv. Opt. Mater.*	2020	8	（德国）威立出版集团
12	*Chem. Res. Chin. Univ.*	2021	37	（中国）吉林大学
13	*Natl. Sci. Rev.*	2021	8	（中国）中国科学院

表 3-2 列举了部分以聚集诱导发光为主题的国内和国际学术会议，包括已经形成规模和体系的"聚集诱导发光国际学术研讨会"和"华人聚集诱导发光学术研讨会"，分别采用国际流行的两年一届的举办模式。其他比较著名的会议有：香山科学会议第 558 次学术讨论会、2015 年太平洋区域国际化学会议 AIE 分会、2018 年欧洲材料研究学会（E-MRS）AIE 分会、2019 年美国材料研究学会（MRS）AIE 分会、第 18 届亚洲化学研讨会 AIE 分会、波兰科学院第 19 届暑期学校、英国皇家化学学会（RSC）法拉第 AIE 专题研讨会等。从 2013 年在武汉举办的"第一届国际聚集诱导发光现象及其应用学术研讨会"开始，聚集诱导发光的会场遍布五湖四海，规模也日渐壮大，已经成为国际上极具影响力的学术盛宴。2022 年，第五届国际聚集诱导发光学术研讨会在深圳成功举办，会议总结了过去二十年聚集诱导发光研究所取得的成就，并进行了深入的相互学习。同时，这也将为未来聚集诱导发光的发展提供新的灵感和思路。在历届的聚集诱导发光会议当中，学者之间关于聚集诱导发光研究在机理和应用方面的交流促生了众多创新性的研究方向和课题，同时也为聚集诱导发光的研究注入了新鲜的血液。其中典型的例子如簇发光领域的发展（将在第 4 章作详细的介绍），科学家从聚集诱导发光材料中发现了一类特殊性质的分子，它们不具有共轭结构，但却能在簇集状态下产生强的荧光，这种现象是无法用传统的分子光物理理论进行解释的。毫无疑问，对这类簇发光材料的研究有重要的科学价值，对基础理论研究有重要的意义[3]。在聚集诱导发光研究的启示和带领下，簇发光材料逐渐成为相关领域的研究热点和难点，并有望发展成为一个单独的领域。在此背景下，由浙江大学主办的第一届簇发光国际会议于 2022 年在线举办，该次会议将聚集诱导发光材料的研究从有机领

域拓展到无机和金属有机领域，致力于建立一个发光材料的研究平台。聚集诱导发光相关会议的举办，在达成促进科学交流的目的之外，同样能够激发科研工作者的热情，提升研究工作的原创性和系统性。

表 3-2　以聚集诱导发光为主题的部分国内和国际学术会议

编号	会议名称	时间	地点
1	第一届国际聚集诱导发光现象及其应用学术研讨会	2013.05.17-20	（中）武汉
2	第二届国际聚集诱导发光现象及其应用学术研讨会	2015.05.15-18	（中）广州
3	第三届国际聚集诱导发光材料、机理与应用学术研讨会	2017.06.18-23	（新）新加坡
4	第四届国际聚集诱导发光材料、机理与应用学术研讨会	2019.04.11-12	（澳）阿德莱德
5	第五届国际聚集诱导发光学术研讨会	2022.08.12-14	（中）深圳
6	聚集诱导发光研究 20 周年国际会议	2021.07.25-28	（中）广州
7	第一届华人聚集诱导发光学术研讨会	2018.09.26-29	（中）西安
8	第二届华人聚集诱导发光学术研讨会	2021.04.09-11	（中）上海
9	第一届簇发光国际会议	2022.04.15-17	（中）海宁
10	2015 年太平洋区域国际化学会议 AIE 分会	2015.12.15-20	（美）夏威夷
11	2021 年太平洋区域国际化学会议 AIE 分会	2021.12.16-21	（美）夏威夷
12	香山科学会议第 558 次学术讨论会：聚集诱导发光	2016.04.26-27	（中）北京
13	波兰科学院第 19 届暑期学校：AIE 现象、原理和应用	2016.05.15-21	（波）Krutyń
14	英国皇家化学学会（RSC）法拉第 AIE 专题研讨会	2016.11.18-20	（中）广州
15	AIE 发展前沿学术研讨会	2017.03.25-26	（中）北京
16	2018 年欧洲材料研究学会（E-MRS）AIE 分会	2018.5.28-6.1	（法）斯特拉斯堡
17	2019 年美国材料研究学会（MRS）AIE 分会	2019.12.01-06	（美）波士顿
18	第 18 届亚洲化学研讨会 AIE 分会	2019.12.08-12	（中）台北

　　纵观我国的基础科学发展史，由我国科学家率先提出并引领全球的科学概念并不多，然而原创概念的缺失并不意味着我国的科学家缺乏原创性，而是我们错失了理论发展的黄金时代。但我们坚信历史不会重演，随着近年来我国对基础科研的重视，可以看到越来越多带有中国标签的概念逐渐登上世界舞台，可以在各个国际学术会议看到中国科学家的身影，我国在科学领域的话语权越来越大，并且逐渐占据科学研究的主导权。而聚集诱导发光的研究正是我国基础研究发展历程的一个写照和缩影，从最初的默默无闻，到辛勤耕耘，最终走向世界的舞台。这有力地证明了我国的科学研究是可以做到世界顶级水平的，为了表彰这一成就，由唐本忠为第一完成人的"聚集诱导发光"荣获 2017 年度国家自然科学奖一等奖（中国自然科学领域的最高奖项，旨在奖励在基础研究和应用基础研究领域，阐明自然现象、特征和规律，作出重大科学贡献的中国科学家）。

随着 AIE 研究规模的壮大和体系的完善，以聚集诱导发光为主题的科学专著也不断涌现并保持持续更新（图 3-5）。例如，2013 年由唐本忠和秦安军主编，由 Wiley 出版的专著 *Aggregation-Induced Emission* 问世，该书分机理和应用两个分册，全面系统地介绍了 AIE 的研究进展。2016 年由奈良先端技术大学的 Michiya Fujiki、新加坡国立大学的刘斌和香港科技大学的唐本忠共同主编的 *Aggregation-Induced Emission：Materials and Applications* 一书更新了聚集诱导发光的进展。2018 年由弗林德斯大学的唐友宏和香港科技大学的唐本忠共同主编的 *Principles and Applications of Aggregation-Induced Emission* 一书再次更新了这一领域的发展。这些著作真正实现了基础理论研究上书架的科学目标。纵观这三本专著不难发现，对于 AIE 的研究，机理和应用是同等重要的存在。没有机理的强有力支撑，应用的发展很难深入和进一步拓展。这些专著的出现不仅是对 AIE 研究的全面总结，更是为 AIE 在其他领域的全面应用提供了一个广阔的平台。

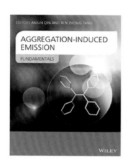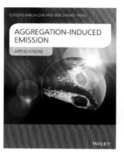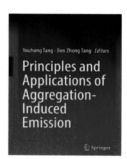

图 3-5　以聚集诱导发光为主题的部分科学专著

除了出版的专著之外，相关综述的发表也在聚集诱导发光整个发展过程中起到至关重要的作用。据不完全统计，已发表的与 AIE 相关的综述超过 900 篇，有些是从整体的视野去概括 AIE 的研究进展，有些是聚焦某一个方向作深入的总结。表 3-3 列举了一些具有代表性的 AIE 综述，它们都对该领域的发展发挥着巨大的作用。其中，2015 年唐本忠课题组发表在 *Chemical Reviews* 上以 "Aggregation-induced emission：together we shine，united we soar！" 为题目的综述，用 223 页的篇幅从分子体系、机理和应用等方面详细介绍了 AIE 领域的研究进展，堪称是教科书式的综述，该综述从发表至 2024 年 5 月，被引用次数已超过 6000 次。同年发表在 *Chemical Society Reviews* 上以 "Biosensing by luminogens with aggregation-induced emission characteristics" 为题的综述，全面总结了 AIE 材料作为生物探针的广泛应用场景，截至 2021 年 6 月引用也已经超过 800 次。2020 年，在 AIE 研究成果的基础上提出了聚集体科学（aggregate science）的全新概念，并以综述的形式受

邀发表在 *Advanced Materials* 学术期刊上。各个阶段综述的发表都在一定程度上促进了这个领域的发展，也更加有利于其他领域的科学家全面了解 AIE 领域的研究内容，在促进学科交叉融合的同时，也使 AIE 的研究更加深入和全面。

表 3-3　聚集诱导发光研究的代表性综述（截至 2021 年 6 月）

发表年份	题目	参考文献	被引次数
2009	Aggregation-induced emission: phenomenon, mechanism and applications	*Chemical Communications*，45，4332-4353	2045
2010	Fluorescent bio/chemosensors based on silole and tetraphenylethene luminogens with aggregation-induced emission feature	*Journal of Materials Chemistry*，20，1858-1867	770
2011	Aggregation-induced emission	*Chemical Society Reviews*，40，5361-5388	4289
2012	Tetraphenylethene: a versatile AIE building block for the construction of efficient luminescent materials for organic light-emitting diodes	*Journal of Materials Chemistry*，22，23726-23740	608
2013	Bioprobes based on AIE fluorogens	*Accounts of Chemical Research*，46，2441-2453	1329
2014	Aggregation-induced emission: the whole is more brilliant than the parts	*Advanced Materials*，26，5429-5479	2021
2014	AIE macromolecules: syntheses, structures and functionalities	*Chemical Society Reviews*，43，4494-4562	961
2015	Aggregation-induced emission: together we shine, united we soar!	*Chemical Reviews*，115，11718-11940	4062
2015	Biosensing by luminogens with aggregation-induced emission characteristics	*Chemical Society Reviews*，44，4228-4238	851
2015	Specific light-up bioprobes based on AIEgen conjugates	*Chemical Society Reviews*，44，2798-2811	521
2019	Aggregation-induced emission: fundamental understanding and future developments	*Materials Horizons*，6，428-433	256
2020	Clusterization-triggered emission: uncommon luminescence from common materials	*Materials Today*，32，275-292	129
2020	Aggregate science: from structures to properties	*Advanced Materials*，32，2001457	60
2020	Aggregation-induced emission: new vistas at the aggregate level	*Angewandte Chemie International Edition*，59，9888-9907	171

AIE 研究中包含众多的物理和化学机理过程，而这些理论知识大部分是与教科书中的内容相通的。人们常讲"纸上得来终觉浅"，AIE 的研究可以作为一种技术手段将一些物理和化学过程直观地展示出来，这对于实验教学和科普具有重要的意义。而 AIE 的实验现象不仅可以帮助处在高等教育初级阶段的学生理解一些重要物理化学概念，更能增强他们对基础理论知识和科学研究的兴趣。基于此，

众多高等院校相继开设以聚集诱导发光为主题的实验教学课程，将 AIE 概念扎根于基础教育当中，这不仅是在培养科学研究的强有力后备军，更有利于增强当代中国大学生的科技自信。图 3-6 列举了大学开设的以 AIE 研究为主体的本科生实验教学课程。例如，浙江大学的孙景志开设的有关功能材料创意与实践的本科生实验课程就基于 AIE 的分子内运动受限机理，利用它的点亮型荧光信号去检测鱼精蛋白，这个实验中囊括了许多化学、物理和生物学知识，可以使学生通过实验操作将这些知识融会贯通；郑州大学的李恺和臧双全等，将传统的合成化学实验与聚集诱导发光结合起来，在培养学生合成能力的同时又增强了他们的实验表征技术[4]。AIE 实验课目前已经在国内许多高校开设，一些国外院校的学生也在本科阶段的学习中接触到了这一概念。同时也可以在一些化学奥林匹克竞赛和高考试题中看到 AIE 的身影，说明 AIE 的影响力逐渐渗透到我国的义务教育当中。这不仅仅是 AIE 研究学者的骄傲，还是我国原创性科学研究逐渐强盛的一个重要标志。

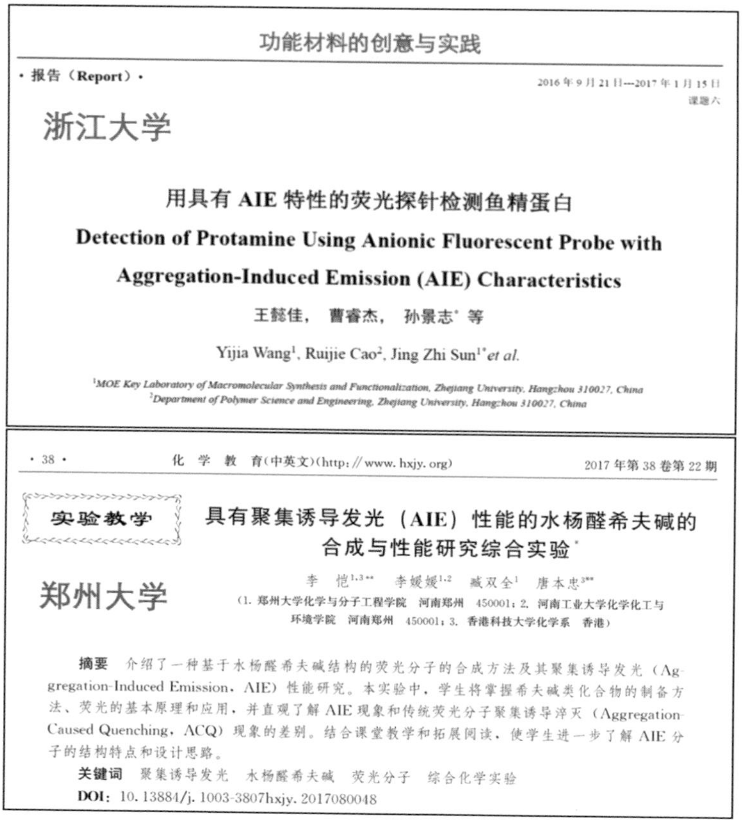
功能材料的创意与实践

·报告（Report）·

2016 年 9 月 21 日—2017 年 1 月 15 日

课题六

浙江大学

用具有 AIE 特性的荧光探针检测鱼精蛋白

Detection of Protamine Using Anionic Fluorescent Probe with Aggregation-Induced Emission (AIE) Characteristics

王懿佳，曹睿杰，孙景志* 等

Yijia Wang[1], Ruijie Cao[2], Jing Zhi Sun[1]* *et al.*

[1]*MOE Key Laboratory of Macromolecular Synthesis and Functionalization, Zhejiang University, Hangzhou 310027, China*

[2]*Department of Polymer Science and Engineering, Zhejiang University, Hangzhou 310027, China*

· 38 · 化 学 教 育(中英文)(http://www.hxjy.org) 2017 年第 38 卷第 22 期

实验教学

具有聚集诱导发光（AIE）性能的水杨醛希夫碱的合成与性能研究综合实验*

郑州大学

李 恺[1,3]** 李媛媛[1,2] 臧双全[1] 唐本忠[3]**

（1. 郑州大学化学与分子工程学院 河南郑州 450001；2. 河南工业大学化学化工与环境学院 河南郑州 450001；3. 香港科技大学化学系 香港）

摘要 介绍了一种基于水杨醛希夫碱结构的荧光分子的合成方法及其聚集诱导发光（Aggregation-Induced Emission，AIE）性能研究。本实验中，学生将掌握希夫碱类化合物的制备方法、荧光的基本原理和应用，并直观了解 AIE 现象和传统荧光分子聚集诱导淬灭（Aggregation-Caused Quenching，ACQ）现象的差别。结合课堂教学和拓展阅读，使学生进一步了解 AIE 分子的结构特点和设计思路。

关键词 聚集诱导发光 水杨醛希夫碱 荧光分子 综合化学实验

DOI：10.13884/j.1003-3807hxjy.2017080048

图 3-6 以聚集诱导发光为主题而开展的大学实验教学课程

　　习近平总书记 2020 年 9 月在科学家座谈会上提出了科学研究的"四个面向"：面向世界科技前沿、面向经济主战场、面向国家重大需求、面向人民生命健康。可以看出基础理论和应用研究在科学探索中同等重要，但基础理论的研究目的是揭示事物的自然规律，最终服务于人民大众的生活。如上所述，AIE 的研究在基础理论领域取得了令人瞩目的成绩，同时 AIE 产品的产业化也在近几年间取得了突破性的进展（图 3-7），例如，全球最大的试剂公司之一——Sigma-Aldrich 已经在销售各类 AIE 分子；新加坡国立大学的刘斌成立了 Luminicell 公司，专门销售

图 3-7　聚集诱导发光研究的产业化成果

各类用于细胞器标记和血管成像的 AIE 纳米粒子，该公司目前已被 Sigma-Aldrich 收购；香港科技大学的唐本忠成立了深圳艾伊津生物科技有限公司，主要业务是销售各类高端 AIE 生物和化学探针。然而，做一个服务类平台并不是 AIE 应用的最终目标，需要思考更多的是如何利用 AIE 材料的优势解决国家重大需求和人民生命健康等问题。在此背景下，广东省大湾区华南理工大学聚集诱导发光高等研究院于 2020 年在广州市正式成立，它的使命是将尖端科学与上中下游的产业连接起来，为我国成为自主科技的发源国、知识产权的产出国和实业转化的智造国作出贡献。

　　本章从 AIE 的发展历程讲起，介绍了 AIE 研究从破茧而出，到不断壮大的艰苦历程，结果是美好的，但创新概念的发展历程总是充满曲折的，它不仅要求研究学者有异于常人的科学素养，同时要经受起时间和科学界的重重考验。但在看到中国原创的科学领域屹立于世界的东方并布满全球时，中国科学家付出多少都是值得的。聚集诱导发光取得的研究成果是辉煌的，从基础研究到应用研究，再到最终的产业化，我们不仅看到了聚集体科学的美好前景，更看到了我国不断强盛起来的科技实力。

参 考 文 献

[1] Luo J D，Xie Z L，Lam J W Y，et al. Aggregation-induced emission of 1-methyl-1, 2, 3, 4, 5-pentaphenylsilole. Chemical Communications，2001，18：1740-1741.

[2] Chen J W，Law C C W，Lam J W Y，et al. Synthesis，light emission，nanoaggregation，and restricted intramolecular rotation of 1，1-substituted 2, 3, 4, 5-tetraphenylsiloles. Chemistry of Materials，2003，15：1535-1546.

[3] Zhang H，Zhao Z，McGonigal P R，et al. Clusterization-triggered emission：Uncommon luminescence from common materials. Materials Today，2020，32：275-292.

[4] 李恺，李媛媛，臧双全，等. 具有聚集诱导发光（AIE）性能的水杨醛希夫碱的合成与性能研究综合实验. 化学教育，2017，38：38-41.

第4章

>>

簇 发 光

背景介绍

　　光在人类文明的进步中发挥了至关重要的作用，近代以来人们对光的深入研究也大大改善了人类的生活方式，提高了人类的生活质量。传统构建高效荧光染料的方法是引入稠环结构增加分子共轭，这些材料不仅发光效率高、发光波长可调，而且做成材料后的柔性较高，在柔性电子器件上有重要的应用。传统平面稠环结构中存在的聚集导致荧光猝灭的问题虽然可通过 AIE 得到解决[1]，但共轭体系的缺点仍然存在，例如，调节波长需要改变共轭结构的大小，而扩展共轭往往伴随着更复杂的结构，使得一些发色团合成烦琐，价格昂贵；又如，合成过程中会产生大量的废物，对环境产生许多不利的影响；再如，稠环结构不易降解，在生物中应用时可能带来生物安全性方面的担忧。

　　基于以上考虑，构建非芳香性发光系统有望克服以上难题。但事物都是有双面性的，非芳香性像一把双刃剑，它在改善生物相容性等问题的同时，也面临着发光极弱，甚至不发光的尴尬处境。而解决这一问题的转机在于人们发现一些天然产物，如淀粉、纤维素和蛋白质等，在簇集状态时发出可见的蓝光。事实上，糖块的力致发光在 1605 年弗朗西斯·培根的《学术的进展》（*Advancement of Learning*）一书中已有记载。最近，一些研究小组详细报道了蛋白质、淀粉、海藻酸钠等天然高分子的发光行为。然而，此时物理学家和化学家面临的重要挑战是如何解释这一反常的发光行为，因为这种光物理现象无法用传统的基于价键共轭的分子光物理理论来进行解释。人们认为，这种反常的发光现象只能归因于含量较低的发光污染物，这些认识导致对这些材料的工作机理研究进展极为缓慢。

　　那么通过向自然学习，是否有可能设计出具有非共轭结构和优异光物理性能的发光分子呢？是否可以同时揭示上述反常发光现象到底是源自微量污染物还是高分子自身的发光？2007 年，唐本忠团队发现非芳香性的聚马来酸酐-乙酸乙烯酯（PMV）交替共聚物在单分散状态下不发光，但在高浓度溶液中形成悬浮的胶体时发出蓝色荧光，这种现象被称为簇发光（clusteroluminescence）。这类非共轭的发光聚合物属于聚集诱导发光材料的一种特殊结构[2]。这个现象揭示了这种反常发光现象源自材料自身，而非杂质污染物。下面就簇发光材料的种类以及相应的机理研究进展作简要的介绍。

4.2　体系分类

簇发光分子的主要结构特点是非共轭，目前研究较多的簇发光体系有非共轭天然大分子、非共轭合成类高分子，以及非共轭的小分子。小分子主要包含以下两类：含芳香性基团和不含芳香性基团。下面就这几类体系分别作介绍。

科学家在一些蛋白质中观测到了反常的发光现象，如获得 2008 年诺贝尔化学奖的绿色荧光蛋白（GFP），GFP 的发光根源最终被发现是其中的 4-(对羟基亚苄基)咪唑烷-5-酮（HBI）分子。然而在一些不含 HBI 小分子的蛋白中，人们同样可以观察到可见光发射，如牛血清白蛋白（BSA）和鸡蛋清溶菌酶（HEWL）等。除了蛋白质外，2013 年唐本忠课题组在淀粉和纤维素中观测到了反常的蓝色荧光[3]，如图 4-1 所示，这两种多糖都有微弱的蓝光发射。值得注意的是，可见光发射仅在聚集态或固态中观察到，在其稀释溶液中观测不到。此外，在这些天然聚合物中观测到室温磷光（RTP）现象。如图 4-1（c）所示，由海藻酸钠制得的膜在 312 nm 紫外光照射下发出蓝色荧光，而当紫外光被移除时，会出现黄绿色的磷光。其他含有杂原子的天然化合物中也可观测到簇发光现象[4]。

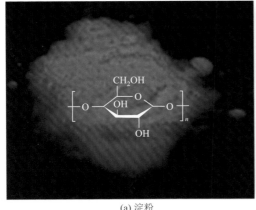

(a) 淀粉　　　　　　　　　　　　　　　　(b) 纤维素

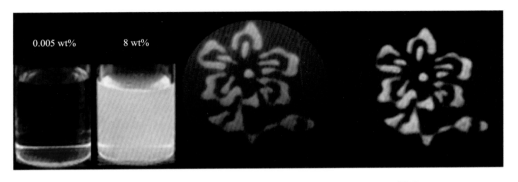

(c) 海藻酸钠

图 4-1　簇发光之天然非共轭聚合物

　　1985 年 Tomalia 等合成了聚酰胺胺（PAMAM）树枝状大分子，其结构中仅包括酰胺基、氨基和烷基［图 4-2（a）］[5]。PAMAM 的非共轭结构中缺乏传统的荧光发色团，然而它却可以发出可见的蓝光，2000 年 Tucker 等明确指出 PAMAM 的发光来自于自身的结构[6]，虽然它没有共轭基元，但仍含有羰基 π 电子。与 PAMAM 相比，超支化的聚乙烯亚胺的发光行为更加奇特，它仅含有 n 电子，但却仍有簇发光现象［图 4-2（b）］。有学者认为这些合成聚合物的发光来源于氨基的氧化。基于此，科学家将所有的实验都在氩气氛围下进行，包括聚合、纯化和荧光测量，但即使这样，所有的超支化聚合物仍可以观察到蓝色发光[7]，因此得出结论，荧光是这些树枝状或超支化聚合物的固有特性，而不是由氧化引起的。线型聚乙烯亚胺的荧光发射同时表明树枝状结构并不是簇发光产生的必要条件，之后科学家又在聚乙二醇[8]和聚二甲基硅氧烷体系中发现了簇发光现象［图 4-2（c）］。这一现象再次表明，簇发光的产生与聚合物的拓扑学结构没有必然的关系，同时簇发光是含杂原子非共轭聚合物的固有光物理性能。

　　非共轭聚合物的簇发光现象在 21 世纪初已有学者进行了专门的报道，之后也陆续在许多合成类聚合物中观测到了这一现象。然而对其理论机制研究的进展却一直较为缓慢，这主要是由于以下两个原因：①聚合物的结构不明确，同时具有多分散性，因此纯度很难得到保证；②聚合物的空间堆积结构很难得到，这也给探索它的结构与簇发光性能间的关系带来了很大的阻碍。为了明确簇发光的机理，唐本忠教授和张浩可研究员课题组自 2017 年致力于构建小分子簇发光体系，并利用小分子明确的化学和聚集态结构来探究簇发光的机理。如图 4-3 所示，科学家在

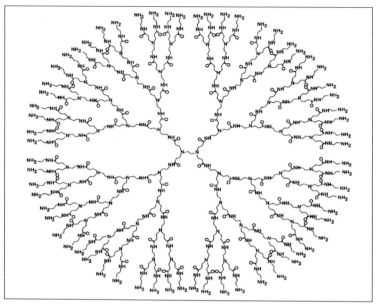

(a) 树枝状聚合物

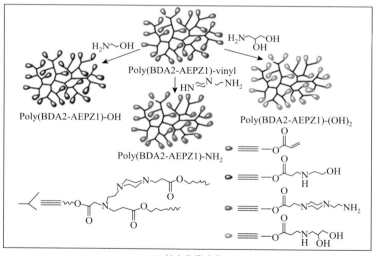

(b) 超支化聚合物

聚乙烯亚胺 聚乙二醇 聚二甲基硅氧烷

(c) 线型聚合物

图 4-2　簇发光之人工合成非共轭聚合物

四苯基乙烷、**1** 号分子以及四噻吩乙烯（TTE）等非共轭小分子中观测到了反常的长波长可见光发射，并且这种光只有在聚集态下才能测得，从而证明簇发光同样存在于非共轭的孤立芳环体系中[9]。系统的光物理性能表征和量子化学计算结果表明，不同于传统基于价键共轭的荧光染料，孤立芳环间的分子内空间相互作用（through-space interaction，TSI）是导致簇发光产生的最主要因素。

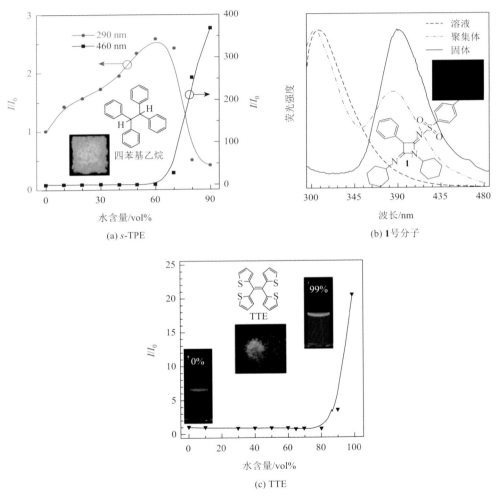

(a) *s*-TPE

(b) **1**号分子

(c) TTE

图 4-3　簇发光之含芳环类非共轭小分子

　　传统的平面共轭类小分子在形成聚集体时，由于较强的分子间 π-π 作用，在长波长位置会形成一个新的发射峰，这也使得上述含芳环的非共轭小分子在一些学者看来不是纯粹的簇发光体系，不能作为簇发光小分子的典型代表。除了含芳香基元的小分子体系，袁望章团队对氨基酸的发光行为也进行了详细的研究。如图 4-4 所示，他们在众多氨基酸固体中观测到了反常的发光行为[10]。如上所述，多肽已被报道在聚集状态下可显示出簇发光，而多肽和氨基酸的不同之处在于，多肽是将氨基酸用共价键连接起来，但固态的氨基酸是通过分子间强的氢键将各个分子连接起来，研究结果表明氨基酸的簇发光来自分子间的空间相互作用，而产生这种作用的驱动力正是来自分子间的氢键。值得注意的是，异亮氨酸在 365 nm 紫外光照射下发出黄绿色的荧光，荧光量子产率高达 7.4%，而且这些材料中的大多数还表现出低温磷光。

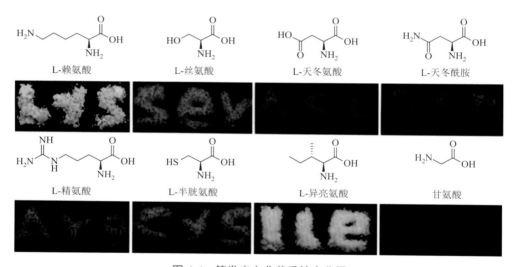

L-赖氨酸　　　　L-丝氨酸　　　　L-天冬氨酸　　　　L-天冬酰胺

L-精氨酸　　　　L-半胱氨酸　　　　L-异亮氨酸　　　　甘氨酸

图 4-4　簇发光之非芳香性小分子

4.3　簇发光的机理

存在于以上几类材料中的簇发光现象表明，这种反常发光现象与杂原子关系较大，也与分子间/分子内的空间相互作用有较大关系。为了更加清晰地解释这一现象，唐本忠等合成了马来酸酐的低聚物（OMAh）和聚[（马来酸酐）-*alt*-（2, 4, 4-三甲基-1-戊烯）]（PMP）（图 4-5）[11]。实验结果表明，PMP 在溶液和固体中几乎不发光，而 OMAh 在 365 nm 紫外光照射下，溶液和粉末中呈现蓝色和黄色荧光。理论计算结果表明，相较于 PMP，OMAh 的两个相邻琥珀酸酐基团之间较短的距离使低聚物链变得刚性，从而增加了链间/链内空间相互作用。同时，羰基基团中的碳显正电性，与 C＝O 和—O—基团中显负电性的氧产生偶极相互作用，理论计算显示 O＝C⋯O＝C 间的距离为 2.84 Å，在 C 和 O 的范德华作用力范围之内，证明这种偶极相互作用可以引起电子的离域。而在 PMP 中，两个相邻的琥珀酸酐基团被较大的烷基基团所阻隔，理论计算显示 O = C···O = C 间的距离大于 5 Å，这种距离很难产生空间的电子离域，而这也正是 PMP 在溶液和固态下不发光的主要原因。朱新远等在 PAMAM 体系中报道了相同的机理。他们利用分子模拟证实了分子链间电子离域的存在，同时提出 PAMAM 聚合物会在聚集状态下形成团簇，而团簇尺寸的大小会影响电子的离域程度，而这也正是簇发光聚合物存在激发依赖性的原因所在[12]。

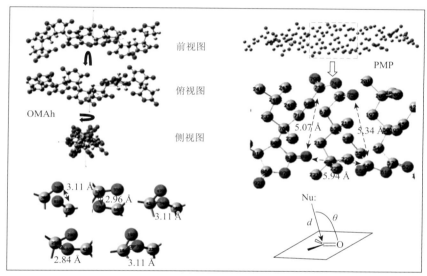

(a) OMAh的计算构象分析

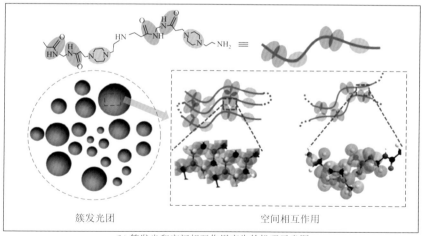

(b) 簇发光和空间相互作用产生的机理示意图

图 4-5　偶极相互作用诱导电子离域的产生

利用聚合物研究簇发光机理存在结构不明确的致命问题，为了进一步证实 TSI 的机理，唐本忠团队对上面所讲到的四苯基乙烷分子进行了详细研究，理论计算结果表明，在基态时四个苯环上的电子云是相互独立的，理论计算的带隙与单独苯环的带隙一致，与实验测得的吸收光谱吻合。在优化激发态的构型时发现，同碳的两个苯环会相互靠近并且趋于形成共面的结构。最终的计算结果显示，在激发态时，同碳上的两个苯环的电子云会发生苯环间的离域效应，同时分子的带隙急剧减小，理论模拟的发射光谱和实验值基本一致。而这种苯环间的离域效应就是空间共轭作用（图 4-6）。基于此，该团队提出，空间共轭作用是簇发光产生的重要光物理机制。

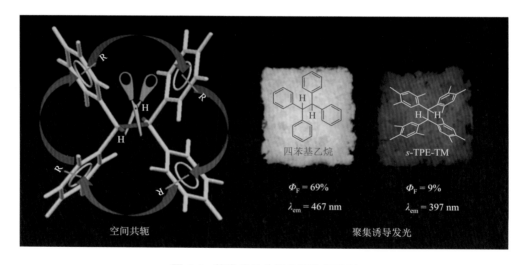

图 4-6　簇发光的空间共轭作用机制

根据上述讨论，唐本忠团队总结了簇发光的理论机制[13]。如图 4-7 所示，从孤立态到交联态再到簇集状态，激发态到基态的能隙（ΔE）随着团簇间空间共轭作用的增强而逐渐减小，同时发光逐渐红移。值得注意的是，簇发光的最小单位可能是 n 电子或 π 电子，通过空间共轭作用，产生 n-σ*、n-π*、π-π* 等弱相互作用，从而增强电子离域效应。而空间共轭形成的驱动力，除了疏水效应、氢键和分子链缠结外，偶极或瞬态偶极作用产生的分子间/分子内静电相互作用是形成空间共轭的另一个驱动力。当 $E^{\delta+}$ 和 $E^{\delta-}$ 具有相同的元素时，会产生瞬态偶极子。因此将簇发光的机理分为两部分：①分子间的各种弱相互作用，产生稳定的空间共轭；②空间共轭作用导致电子离域。

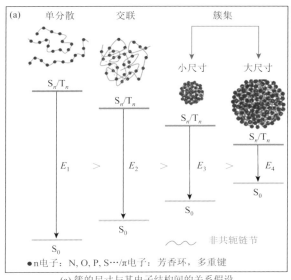

(a) 簇的尺寸与其电子结构间的关系假设　　(b) 空间共轭的模型示意图

图 4-7　簇发光的光物理机制总结

4.4　本章小结

　　本章介绍了一类新型的发光——簇发光。与传统的发色团相比，对簇发光的系统研究历史相对较短，尽管这种现象早在几百年前就已经被观察到，但因为缺乏深入的认识和系统的研究，人们对它的重要性有所忽视。显而易见，簇发光与传统 π 共轭体系的发光具有完全不同的光物理机制。本章介绍了非共轭天然聚合物、非共轭合成聚合物、不含芳环类非共轭小分子和含芳环类非共轭小分子这四种典型的簇发光体系。n-σ*、n-π*、π-π*等弱相互作用引起的空间共轭被认为是引起有机簇发光的主要原因。同时科研工作者给簇发光总结出了六大特点：①非共轭的分子结构，其中的 n 或 π 电子基团被非共轭基团隔开；②在单分子自由状态下，荧光光谱中只能检测到归属于 n 或 π 电子基元的电子跃迁，然而，当这些分子聚集在一起时，在长波长位置上会产生新的发射峰；③簇发光的激发光谱与吸收光谱相比有较大红移，其中吸收谱图可以证明簇发光分子的非共轭结构，而激发谱图证实了空间共轭导致的跃迁的存在；④簇发光分子有激发依赖的发光性质，其中激发波长红移会导致发射谱图的红移；⑤簇发光的强度和波长与空间共轭程度的大小有直接的关系；⑥簇发光体系，特别是含杂原子的聚合物体系，能够发出磷光，其中一些甚至有室温磷光现象。

　　簇发光材料优异的光物理性能和生物相容性，使其在众多领域有巨大的应用前景，如对生理活动的过程监测、结构可视化、传感和探针。除此之外，这种现象蕴含着重大的光物理机制，这不仅是对传统分子光物理理论的挑战，更是为新的聚集态光物理理论的建立做出的重要铺垫。希望未来簇发光在基础理论研究和应用等领域能实现突破，未来可期。

参 考 文 献

[1] Luo J D，Xie Z L，Lam J W Y，et al. Aggregation-induced emission of 1-methyl-1, 2, 3, 4, 5-pentaphenylsilole. Chemical Communicatons，2001，18：1740-1741.

[2] Xing C，Lam J W Y，Qin A，et al. Unique photoluminescence from nonconjugated alternating copolymer poly(maleic anhydride)-*alt*-(vinyl acetate). Polymer Materials Science Engeering，2007，96：418-419.

[3] Gong Y，Tan Y，Mei J，et al. Room temperature phosphorescence from natural products: Crystallization matters. Science China Chemistry，2013，56（9）：1178-1182.

[4] Dou X Y，Zhou Q，Chen X H，et al. Clustering-triggered emission and persistent room temperature phosphorescence of sodium alginate. Biomacromolecules，2018，19（6）：2014-2022.

[5] Tomalia D A，Baker H，Dewald J，et al. New class of polymers: Starburst-dendritic macromolecules. Polymer Journal，1985，17（1）：117-132.

[6] Larson C L，Tucker S A. Intrinsic fluorescence of carboxylate-terminated polyamido amine dendrimers. Applied Spectroscopy，2001，55（6）：679-683.

[7] Wu D C，Liu Y，He C B，et al. Blue photoluminescence from hyperbranched poly(amino ester)s. Macromolecules，2005，38（24）：9906-9909.

[8] Wang Y，Bin X，Chen X，et al. Emission and emissive mechanism of nonaromatic oxygen clusters. Macromolecules of Rapid Communications，2018，39（21）：e1800528.

[9] Zhang H，Zheng X，Xie N，et al. Why do simple molecules with "isolated" phenyl rings emit visible light? .Journal of the American Chemical Society，2017，139（45）：16264-16272.

[10] Chen X H，Luo W J，Ma H L，et al. Prevalent intrinsic emission from nonaromatic amino acids and poly(amino acids). Science China Chemistry，2018，61（3）：351-359.

[11] Zhou X，Luo W，Nie H，et al. Oligo(maleic anhydride)s: A platform for unveiling the mechanism of clusteroluminescence of non-aromatic polymers. Journal of Materials Chemistry C，2017，5（19）：4775-4779.

[12] Wang R B，Yuan W Z，Zhu X Y. Aggregation-induced emission of non-conjugated poly(amido amine)s: Discovering，luminescent mechanism understanding and bioapplication. Chinese Journal of Polymer Science，2015，33（5）：680-687.

[13] Zhang H，Zhao Z，McGonigal P R，et al. Clusterization-triggered emission: Uncommon luminescence from common materials. Materials Today，2020，32：275-292.

第5章

>>

力致聚集诱导发光

力致发光是指材料在机械力作用下发射光子的行为，其发生过程不需要其他激发源，如紫外光或化学能（图 5-1）。力致发光的早期英文词汇是"triboluminescence"（TL），由 Wiedemann 于 1888 年创造，前缀"tribo"来源于希腊词汇"tribein"，主要含义是摩擦（rub）。目前力致发光涵盖了各种各样的机械力激发方式，如研磨、粉碎、变形、断裂、压缩或超声波处理，而不仅限于摩擦，越来越多的文献也用"mechanoluminescence"（ML）表示力致发光，基本认为和"triboluminescence"同义，另外，也有文献用"fractoluminescence"表示力致发光[1]。

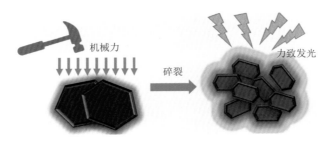

图 5-1　力致发光的发生过程示意图：晶体在受机械力破碎过程中发光示意图

人们熟知的发光现象，大多数由光能（如紫外光）、热能或化学能激发，由机械力激发材料发光则相对少见。根据已有文献记载，弗朗西斯·培根于 1605 年在他所著 *Advancement of Learning* 一书中首次报道了有机化合物的力致发光现象，他在黑夜中对糖块施加机械力，在糖块破碎的过程中观察到了发光现象[2]。之后人们发现糖类的力致发光现象比较普遍，如薄荷糖在受机械力破碎的过程中也能发出蓝光，如图 5-2 所示。生活中另一种常见的力致发光现象就是地震光，据已有史料记载，最早的地震光记录之一是 1896 年的日本三陆地震；1911 年，John Milne 在《自然》上发表的文章介绍了地震光现象和可能的机理[3]；2017 年墨西哥大地震过程中的地震光现象则被不少网友拍摄记录下来（图 5-3）。

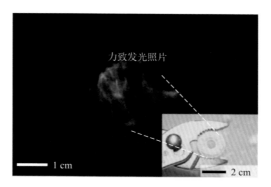

图 5-2　薄荷糖被夹碎过程中的力致发光现象

图 5-3　2017 年墨西哥大地震中的地震光

5.2　力致发光的研究简史

　　力致发光的研究历程大致可以概括如图 5-4 所示。自 1605 年弗朗西斯·培根首次报道糖的力致发光现象以来，整个 17 世纪只有 5 篇关于力致发光的文献报道；18 世纪则有 15 篇，其间总共有包括无机盐晶体、矿物质、有机化合物晶体在内的数百种力致发光物质被报道；19 世纪有 19 篇。进入 20 世纪，力致发光的系统性研究开始，总共有 372 篇文献报道。截至 1920 年，被报道的具有力致发光性质的物质已经多达约 500 种。其中 Langevin 于 1913 年首次提出力致发光现象可能与压电效应有关，即力致发光是有压电效应的晶体在受机械力时，通过使周围气体放电产生的。1925 年，Longchambon 发现在其研究的 305 种芳香化合物中有 70%具有力致发光性质，而在研究的 90 种生物碱中则有 20%有力致发光性质。直到 20 世纪 50 年代光电倍增管出现，力致发光光谱数据的收集才变得方便易行，这也使得更多的力致发光化合物被报道，更深入的机理研究也成为可能。1952 年，比利时物理化学家 I. N. Stranski 考察了大约 1700 多种有机和无机化合物，发现其中 356 种有力致发光性质。20 世纪 70 年代，美国加州大学洛杉矶分校的 Jeffrey I. Zink 对芳香化合物的力致发光进行了系统的光谱学研究和机理探索。2014 年，P. Jha 和 B. P. Chandra 对 1605～2013 年间的力致发光文献进行了调研和总结，得到以下主要结论[4]。

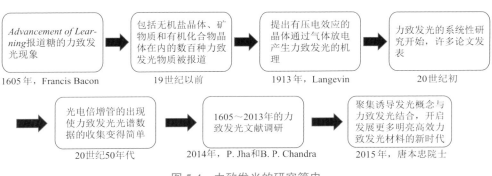

图 5-4　力致发光的研究简史

20 世纪 50 年代以前，人们对力致发光已经取得的部分主要认识包括：

（1）结构中缺乏对称中心的晶体比有对称中心的晶体更倾向于具有力致发光性质。这一规律由 Longchambon 于 1925 年总结，这一结论也表明压电效应在很多材料的力致发光过程中起着重要作用。

（2）对每一种物质，晶体尺寸小到一定程度时，力致发光不再能被观测到。

（3）少数无定形物质也具有力致发光性质。

20 世纪 50 年代以后，人们对力致发光已经取得的部分主要认识包括：

（1）超过 1000 种力致发光材料被报道，除少数特例之外，几乎所有有压电效应的晶体都有力致发光性质，没有力致发光性质的晶体都没有压电效应。

（2）多晶型晶体中，有压电效应的晶型有力致发光性质，没有压电效应的晶型则没有力致发光性质。

（3）在压电效应晶体如糖、酒石酸中，当沿着热释电轴切碎时，观察不到力致发光现象，而沿着其他轴切碎则可观察到力致发光现象。

（4）力致发光光谱可能与材料固态的光致发光光谱相同，也可能与周围气体放电光谱相同，也可能是两者重合。

2015 年以来，在唐本忠将聚集诱导发光概念与力致发光现象结合后，以李振和池振国为代表的学者则进一步发展了聚集诱导发光材料的力致发光现象研究，为结构-性能关系提供了更多实例和理论探索，为开发更多亮度高、颜色可调控的力致发光材料，以及发展力致发光材料的应用开启了新纪元。下面将首先介绍力致发光现象产生的主流机理，再介绍聚集诱导发光概念与力致发光研究相结合的体系。

5.3 力致发光的机理

尽管力致发光现象被发现了几百年之久，但其发生的机理一直没有得到公认，不同材料力致发光的机理可能不尽相同[1-8]。对于最早发现的力致发光材料如糖类，Longchambon 首次确认其发射谱和空气中氮气的放电光谱完全相同，并且当改变周围气体氛围时，力致发光颜色也随之改变，因此确定这类力致发光材料是通过机械力作用引起周围气体放电而发光的。1913 年，Langevin 提出力致发光是由有压电效应的晶体产生的。这一规则适用于大部分压电晶体，但也有极少数压电晶体无力致发光性质，另外，少部分没有不对称中心的晶体即无压电效应的晶体也有力致发光性质，因此不是所有材料的力致发光都是通过压电效应产生的。此后，Jeffrey I. Zink 和 B. P. Chandra 等提出了另一种电效应激发方式：电子电离，这种电效应激发与晶体是否具有压电效应无关，因此几乎能解释所有有机和无机晶体受力碎裂过程中产生的力致发光现象。除此之外，Jeffrey I. Zink 在其 1978 年综述文章中总结道，除了压电效应之外，力致发光也有可能通过热效应或化学效应产生[2]。总而言之，力致发光的激发过程视具体情况具体分析，目前还没有一个普适的机理，但大部分的力致发光现象都是通过压电效应激发的。从发光物种的角度来讲，以压电效应为例，力的作用下产生的电场可能激发周围气体发光；有可能先激发气体，再将能量转移给受力材料发光；也有可能是受力材料直接被产生的电场激发发光，或者是多种机理同时存在，具体情况可以根据力致发光的光谱特征来分析。

5.4 聚集诱导发光分子体系的力致发光

聚集诱导发光（AIE）概念于 2001 年首次被唐本忠课题组提出，与传统的聚集导致猝灭现象相比，AIE 分子在溶液中不发光或者发光较弱，而在聚集态则发光效率很高。AIE 概念提出后，该领域虽然已有蓬勃发展，但研究大多集中在光致发光方面，即在紫外光或者可见光激发下，研究 AIE 分子在聚集态的发光行为。一般认为 AIE 的机理是分子在聚集态时，其激发态能量通过非辐射跃迁耗散的渠道（如分子振动和/或转动）被抑制，从而使得辐射跃迁的效率大大提高。

如果 AIE 分子在机械力的作用下能通过压电或电子电离等效应被激发，与光致发光相比，只是改变了激发源，同样的聚集态下，其非辐射跃迁被抑制的程度一般不会改变。换句话说，如果在机械力作用下，AIE 晶体破碎过程中只发生宏观尺寸变小，而不发生微观的分子堆积模式的变化，其激发态能量被耗散的模式或程度应该不会改变。AIE 晶体光致发光过程中，其激发态能量不能通过分子振动和/或转动等渠道被有效耗散，激发态主要以辐射跃迁方式回到基态，所以光致发光量子产率高；同样的 AIE 晶体，若它们能被机械力激发，不发生微观分子堆积模式的变化，激发态应当也主要以辐射跃迁方式回到基态，因此，AIE 分子如果具有力致发光性质，其力致发光应该也非常明亮。由此可见，AIE 概念有助于开发更多明亮、高效的力致发光分子体系。

香港科技大学谢你博士在其博士毕业论文中首次将 AIE 概念与力致发光结合，报道了一类三苯基膦-铜络合物的 AIE 性质，同时，在没有光激发只有机械力作用的条件下，该类化合物也显示明亮的蓝色发光（图 5-5）[9]。

图 5-5　三苯基膦-铜络合物结构（X = Cl，Br，I）及其力致发光现象

随后，中山大学池振国、张艺和许家瑞团队在 2015 年报道了同时具有聚集诱导发光、延迟荧光和力致发光性质的纯有机分子 SPFC[10]，如图 5-6（a）所示。SPFC 晶体有很强的绿色光致发光（photoluminescence，PL），其量子产率高达 93.3%，最大发射波长位于 518 nm。同时，在机械力的作用下，也能观察到很强的绿色发光，日光下即可见，其 ML 光谱和 PL 光谱基本重合。单晶 X 射线衍射数据表明 SPFC 晶体没有强 π-π 堆积，这可能与 SPFC 的 PL 效率高相关；另外 SPFC 属于斜方晶系，空间群是 $Pna2_1$，Zink 曾指出 $Pna2_1$ 晶体属于压电晶体，所以 SPFC 在机械力作用下裂纹表面会产生电场，从而激发 SPFC 发光。随后，该团队报道了 AIE 明星分子四苯基乙烯（TPE）衍生物 P_4TA 的力致发光行为 [图 5-6（b）]。P_4TA 有两种晶型（SC_b 和 SC_g），SC_b 晶型只有强烈的蓝色 PL（$\lambda_{em} = 476$ nm，量子产率为 36%），无力致发光现象，SC_g 晶型则同时具有强烈的绿色 PL（$\lambda_{em} = 499$ nm）和 ML，且 PL 和 ML 谱基本重合。单晶数据显示，SC_g 晶型具有不对称中心，属于压电晶体，而 SC_b 晶型则压电效应弱。值得注意的是，将晶体 SC_b 用 DCM 蒸气熏蒸得到 SC_{bf} 后，同样展现出 ML，并且与 SC_g 的 ML 性能非常接近 [图 5-6（b）]。通过这一 TPE 衍生物两种晶型的对比，作者推论需要把 AIE 和压电性质相结合来设计高效的力致发光分子。基于此，该团队继续发展了其他基于 TPE 衍生物的高效力致发光分子，如不同位点和数目醛基或羧基取代的 TPE [图 5-6（c）和（d）] [11, 12]。

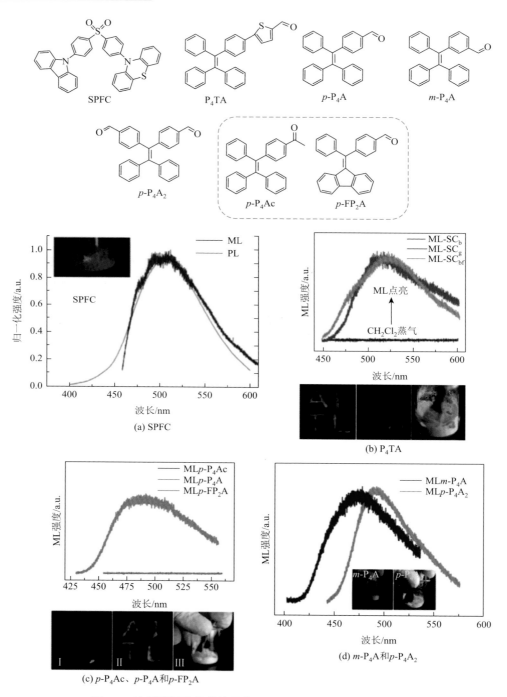

图 5-6　池振国团队报道的具有力致发光性质的 **AIE** 分子体系

2017 年，Thilagar 报道了基于二芳基硼基-吩噻嗪的化合物 DMPBPTZ［图 5-7（a）］，其晶体属于 *R*3*c* 空间群，具有典型的 AIE 性质，同时在黑暗或者日光灯下都能观察到绿黄色力致发光[13]。

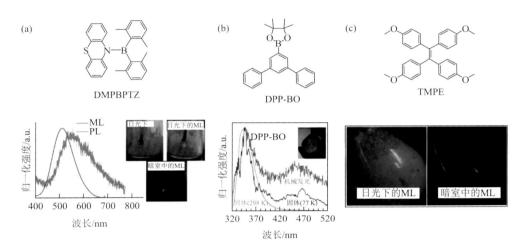

图 5-7　（a）Thilagar 课题组报道的具有力致发光性质的 **AIE** 分子；（b）和（c）李振团队报道的具有力致发光性质的 **AIE** 分子体系

武汉大学李振团队也开发了一些具有高效力致发光的 AIE 体系［图 5-7（b）和（c）][14, 15]。其中四甲氧基 TPE（TMPE）有两种晶体构型（C_p 和 C_c），C_p 晶型在研碎过程中有明亮的力致发光现象，而 C_c 则无力致发光现象。单晶 X 射线衍射数据显示，C_p 晶体内部有多重氢键，如 C—H···p 和 C—H···O 作用，这些作用给晶体提供了更刚性的微环境和更大的抗压强度。同时，粉末 X 射线衍射数据表明，C_p 型晶体在研碎后仍然有很多尖锐的衍射峰，表明它们是尺寸更小的晶体，而 C_c 晶型在研碎后无衍射峰，是无定形态。由此作者推论，C_c 晶体在受力破碎过程中，激发态能量通过分子间滑移引起的非辐射跃迁方式耗散掉了，从而无力致发光。相反，在类似的机械力作用下，C_p 晶体被激发后只是尺寸变小，激发态能量没有通过分子间滑移耗散，激发态更多以辐射跃迁的方式回到基态，因此有明亮的力致发光现象。在另外一项工作中，李振团队发现四炔基 TPE 是典型的 AIE 分子，但因为其不具有压电效应，所以其力致发光很弱[16]。综合以上体系可知，需要设计明亮和高效的力致发光分子，一般需要遵循三个原则：①具有聚集诱导发光效应，分子在聚集态被激发后非辐射跃迁弱，辐射跃迁效率高；②具有压电效应，使得分子受机械力时能够产生电场作为激发源；③具有强的分子间相互作用，晶体在受机械力过程中只有晶体尺寸变小，而分子间刚性堆积或微环境不被破坏，激发态能量不会通过分子间滑移等非辐射跃迁渠道耗散。

唐本忠课题组 2017 年报道了分子 DBT-BZ-DMAC，该分子具有典型的 AIE 性质，能够应用于制备高效的非掺杂有机发光二极管。此外，其分子晶体被机械力研刮时呈现强烈的蓝绿色力致发光，在较暗日光灯下亦可见（图 5-8）[17]。

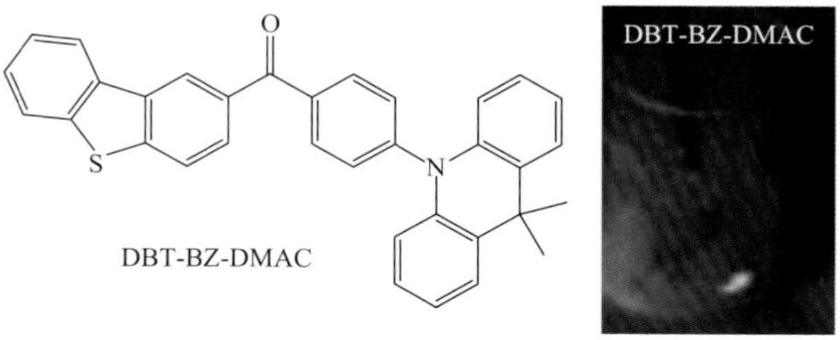

DBT-BZ-DMAC

图 5-8　唐本忠课题组报道的具有力致发光性质的 AIE 分子

最近，唐本忠课题组发现部分商业化的试剂具有显著的力致发光现象（图 5-9）[18]。五氯吡啶（pentachloropyridine，PCP）晶体具有很强的室温磷光，受紫外光激发后，肉眼易见的绿色余辉可持续约 1 s，稳态光谱显示荧光峰较弱，在 350 nm 附近（$\tau = 0.6$ ns）的主要发射峰则是磷光峰，在 510 nm 附近（$\tau = 80$ ms），延迟光谱仅有以 510 nm 为主峰的一组振动峰，与肉眼观察到的绿色余辉一致。有趣的是，在 PCP 晶体被机械力捻碎的过程中，可以观察到明亮的绿色力致发光，并且机械力作用结束后，绿色发光可以延迟大约 1 s，这种绿色力致发光在较弱的日光灯下也能被观察到，测得的 ML 光谱与 PL 谱几乎重合，紫外区 350 nm 附近有一个小峰，而 510 nm 附近则是主峰，说明肉眼看到的绿色发光属于力致室温磷光。另外两个化合物邻二氰基苯（dicyanobenzene，DCB）和邻苯二甲酸酐（phthalic anhydride，PA），其晶体也有力致发光现象，都是蓝色荧光，且都一闪而过，机械力作用停止后观察不到延迟发光。但邻苯二甲酸酐力致发光很弱，几乎只能在完全黑暗的背景里观察到，而邻二氰基苯的力致发光则在较强的日光灯下也能被看到。两者的 ML 光谱与各自的稳态 PL 光谱都几乎重合，都在紫外区显示发射主峰，发射峰的很小部分拖尾至蓝光区域，但是邻二氰基苯的 PL 量子产率高达 23%，而邻苯二甲酸酐的 PL 量子产率不超过 1%。另外，五氯吡啶在溶液中几乎不发光，邻二氰基苯溶液量子产率低于晶体，因此，五氯吡啶是典型的 AIE 分子，而邻二氰基苯则是聚集诱导发射增强（AIEE）分子，同时相比于邻苯二甲酸酐，两者的力致发光都很强，因此，这一发现进一步证明 AIE 或 AIEE 概念有利于开发更多高效的力致发光体系。

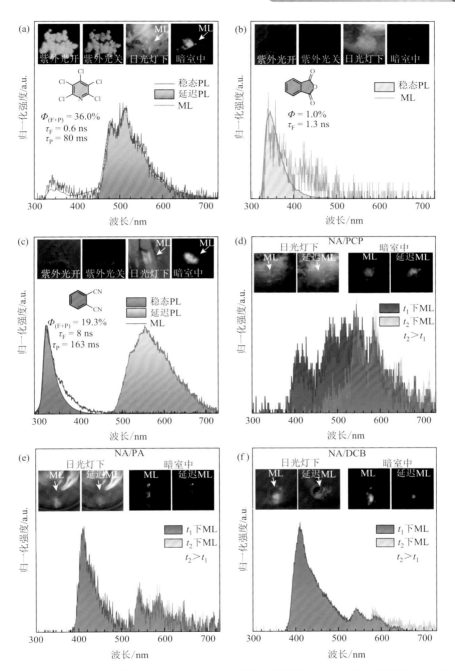

图 5-9　（a）~（c）分别是五氯吡啶（PCP）、邻苯二甲酸酐（PA）、邻二氰基苯（DCB）的光致发光和力致发光光谱和相应照片；（d）~（f）分别是 NA/PCP、NA/PA 和 NA/DCB 主客体结构（NA 为客体，PCP、PA 和 DCB 分别为主体）的力致发光光谱和相应照片

当以 1,8-萘二甲酸酐（NA）为客体，分别以 PCP、PA 或 DCB 为主体，利用加热熔融再迅速冷却的方法构建主客体结构（即固态溶液，客体分子为溶质，主体分子为溶剂）时，得到的固体用紫外光激发后有长达 5～10 s 的黄色余辉。当用机械力研碎或刮碎这些主客体固体时，除了明亮的一闪而过的蓝色发光，肉眼也可以看到明显的长达数秒的黄色余辉。PL 和 ML 测试的光谱几乎重合，以540 nm 为主峰的磷光寿命长达几百毫秒，另外 NA 在醇溶液中 77 K 时也显示黄色磷光，发射峰主峰在 536 nm 处，证明 NA/PCP、NA/PA 和 NA/DCB 主客体体系室温下的黄色余辉最终来自 NA 三线态激发态的辐射跃迁，即室温磷光。到目前为止，力致室温磷光的报道相对来说较少，几秒的延迟时间则是目前报道的力致室温磷光中最长的寿命之一。

作者对这一主客体体系的发光机理也进行了阐述，因为 ML 光谱和 PL 光谱几乎重合，推测 ML 和 PL 的激发态光物理过程是一致的，只是激发源不同。因此，为了解释激发态光物理过程，采用了超快光谱手段进行研究。飞秒瞬态吸收（fs-TA）谱数据表明，痕量 NA（质量分数 1%）的存在明显加速了主体分子 PCP 的系间窜跃速率，据此作者提出客体分子（NA）和邻近数个主体分子（PCP）形成了簇激子，即客体和邻近数个主体分子在激发态发生波函数离域，随后，这一过渡态的三线态能量很快弛豫到客体的定域三线态激发态，最终发射超长的黄色室温磷光。因为三种主体分子都具有力致发光性质，所以这一主客体体系都能被机械力激发，从而最终根据上述光物理过程发射寿命超长的力致室温磷光。该体系首次利用了超快光谱手段研究有机聚集体室温磷光体系，提出了簇激子的理论模型；同时也通过简易的主客体策略实现了目前报道的寿命最长的力致室温磷光。

参 考 文 献

[1] Xie Y，Li Z. Triboluminescence: Recalling interest and new aspects. Chem，2018，4（5）：943-971.

[2] Zink J I. Triboluminescence. Accounts of Chemical Research，1978，11（8）：289-295.

[3] Milne J. Earthquakes and luminous phenomena. Nature，1911，87（2175）：16.

[4] Jha P，Chandra B P. Survey of the literature on mechanoluminescence from 1605 to 2013. Luminescence，2014，29（8）：977-993.

[5] Zink J I，Hardy G E，Sutton J E. Triboluminescence of sugars. The Journal of Physical Chemistry，1976，80（3）：248-249.

[6] Chandra B P，Chandra V K，Jha P. Models for intrinsic and extrinsic fracto-mechanoluminescence of solids. Journal of Luminescence，2013，135：139-153.

[7] Chandra B P，Zink J I. Triboluminescence of inorganic sulfates. Inorganic Chemistry，1980，19（10）：3098-3102.

[8] Hardy G E，Baldwin J C，Zink J I, et al. Triboluminescence spectroscopy of aromatic compounds. Journal of the American Chemical Society，1977，99（11）：3552-3558.

[9] Mei J，Leung N L C，Kwok R T K, et al. Aggregation-induced emission: Together we shine，united we soar！.

Chemical Reviews，2015，115（21）：11718-11940.

[10]　Xu S，Liu T，Mu Y，et al. An organic molecule with asymmetric structure exhibiting aggregation‑induced emission，delayed fluorescence，and mechanoluminescence. Angewandte Chemie，2015，127（3）：888-892.

[11]　Xu B，He J，Mu Y，et al. Very bright mechanoluminescence and remarkable mechanochromism using a tetraphenylethene derivative with aggregation-induced emission. Chemical Science，2015，6（5）：3236-3241.

[12]　Xu B，Li W，He J，et al. Achieving very bright mechanoluminescence from purely organic luminophores with aggregation-induced emission by crystal design. Chemical Science，2016，7（8）：5307-5312.

[13]　Neena K K，Sudhakar P，Dipak K，et al. Diarylboryl-phenothiazine based multifunctional molecular siblings. Chemical Communications，2017，53（26）：3641-3644.

[14]　Yang J，Ren Z，Xie Z，et al. AIEgen with fluorescence-phosphorescence dual mechanoluminescence at room temperature. Angewandte Chemie International Edition，2017，56（3）：880-884.

[15]　Wang C，Xu B，Li M，et al. A stable tetraphenylethene derivative：Aggregation-induced emission，different crystalline polymorphs，and totally different mechanoluminescence properties. Materials Horizons，2016，3（3）：220-225.

[16]　Xie Y，Tu J，Zhang T，et al. Mechanoluminescence from pure hydrocarbon AIEgen. Chemical Communications，2017，53（82）：11330-11333.

[17]　Guo J，Li X L，Nie H，et al. Achieving high-performance nondoped OLEDs with extremely small efficiency roll-off by combining aggregation-induced emission and thermally activated delayed fluorescence. Advanced Functional Materials，2017，27（13）：1606458.

[18]　Zhang X，Du L，Zhao W，et al. Ultralong UV/mechano-excited room temperature phosphorescence from purely organic cluster excitons. Nature Communications，2019，10（1）：5161.

第6章

>>

有机室温磷光与聚集诱导延迟荧光

6.1 引言

从生命起源开始，人类对光的需求和探索从未改变过，他们不断对光的原理、来源甚至是相互作用开展研究，研究的对象则涵盖了太阳这样的自然光源以及白炽灯、有机发光半导体等人造光源。大多数发光材料是仅具有纳秒级别发光寿命的荧光材料，其发光高度依赖激发源且发光均来自单线态激子，这在一定程度上限制了这些材料的应用场景。因此科学家一直致力于探索具有更长发光寿命并能利用其他激发状态（如三线态激子）发光的材料。相较于荧光，具有微秒级别发光寿命的延迟荧光材料和具有毫秒至秒级别发光寿命的磷光材料极大地丰富了发光材料的应用领域，包括光电、传感、信息加密等。此外，这些材料在离开激发光源后还能保持较长时间发光的特点可以避免生物体自身及背景荧光的干扰，能够应用于生物成像和精确的手术导航等领域。夜明珠便是一种广为人知的、具有长寿命的发光材料，其在白天太阳光下被激发后便可在夜晚持续发出绿色的光。此外，延迟荧光材料还能通过反向系间窜越过程将三线态激子转变为单线态激子，从而充分利用三线态激子，实现电致发光器件100%的理论内量子效率。随着技术的发展和对发光材料工作机理更深入的认识，人们开始进一步探索和开发具有长寿命的高效磷光材料和高效率的延迟荧光材料，并赋予它们更多的实际用途。

AIE 的发展为长寿命发光材料的开发带来了巨大的变革，也在分子与聚集体研究之间架起了桥梁[1-3]。在过去很长一段时间，人们因为许多分子在溶液状态下不发光而忽略了它们在聚集状态下可能的发光行为，因此错过了发现长寿命发光材料的机会。近年来，AIE 的研究促使人们开始关注分子在聚集体状态下的光物理行为，室温磷光（room-temperature phosphorescence，RTP）和聚集诱导延迟荧光（aggregation-induced delayed fluorescence，AIDF）的研究也迎来快速发展[4-5]。从对长寿命发光材料的工作机理、分子构效关系的深入研究，到聚集行为的调控以及作为新型功能材料的应用探索，相关研究取得了一系列突破性的进展。因此，本章将从基本工作原理、分子设计策略出发，结合具有代表性的例子对近年来有机室温磷光材料和聚集诱导延迟荧光材料的发展及应用进行简要梳理和介绍。

6.2　有机室温磷光

不同于荧光在电子被激发到单线态后立即退激发并发出亮光，磷光是在电子被激发到单线态后进一步通过系间窜越过程转变为激发三线态激子，然后退激发后发出的具有更长波长的光。根据量子力学中的 EI-Sayed 规则，系间窜越和产生磷光的退激发是自旋禁阻的过程，因此赋予了磷光缓慢发光和长寿命的特征[6]。目前，已知的大多数高效室温磷光材料为含有金属的无机物或有机金属配合物。虽然它们受到广泛的关注并被运用于工业生产，但却存在着成本高昂、生物毒性高、可制备性低等缺陷。在这样的背景下，不含金属的有机磷光材料吸引了研究者的注意。纯有机材料所具有的优异生物相容性、易制备性和较好的稳定性则克服了传统磷光材料的缺点。然而，由于三线态激子极易通过非辐射跃迁的方式（如分子运动、内转换）损耗或与氧气发生接触而猝灭，因此，在很长一段时间内人们只有在极低的温度或者惰性环境下才能观察到明显的磷光现象，有机材料在室温及大气环境下实现磷光发射则面临诸多困难。

根据 Jablonski 能级图及磷光的量子产率和寿命公式（图 6-1），具有长磷光寿命和高量子产率的有机室温磷光材料需要满足三个要求：①增强有机分子的自旋-轨道耦合作用，通过高效的系间窜越过程将激子从激发单线态转变为三线态；②阻止或尽可能降低非辐射跃迁的发生，以增加激发三线态激子的数量并延长其寿命；③减慢三线态激子辐射跃迁产生磷光的速率以尽可能延长其发光寿命[7]。

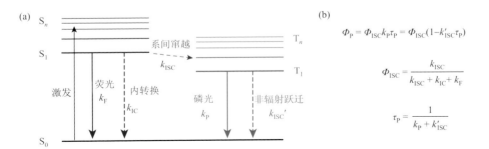

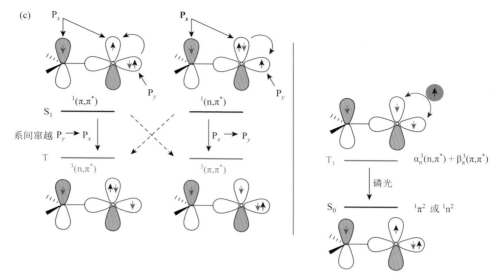

图 6-1 （a）荧光及磷光的 **Jablonski** 能级图；（b）磷光量子产率（Φ_P）和磷光寿命（τ_P）计算公式；（c）系间窜越过程中的 **El-Sayed** 规则以及最低能量激发三线态中杂化电子组态示意图

　　AIE 和聚集体科学的发展为实现高效的有机室温磷光材料提供了强有力的理论和技术支持。聚集状态下分子间多重弱相互作用有效地限制了分子内运动并隔绝了外界氧气，因此能够减弱激子的非辐射跃迁并促进磷光发射。唐本忠课题组于 2010 年在二苯甲酮及其衍生物的晶体中观察到了室温磷光现象并证实了结晶状态下分子的有序排列和多种分子间作用力对分子运动的限制，提出了结晶诱导室温磷光的概念[8]。在随后十余年的发展过程中，一系列具有长磷光寿命和高量子产率的有机室温磷光材料相继被报道，研究者也总结出了诸多基于分子结构精确设计和聚集行为调控的材料构筑策略（图 6-2）[4]。

　　高效的系间窜越是实现高效室温磷光的必要条件。提高系间窜越效率通常有两种方式：增强自旋−轨道耦合或者减小单线态与三线态之间的能级差。鉴于分子性质与结构的高度相关性，研究者从分子结构精确设计的角度提出了引入含有孤对电子基团、重原子等策略来增强自旋−轨道耦合。例如，由于自旋−轨道耦合的强弱与原子核电荷数的四次方呈正比例关系，因此引入卤素、硒、碲等重原子可以有效地提高磷光效率[9-10]。另外，通过引入含有氮、氧、硫原子和富含孤对电子的羰基、酯基等基团，可以对分子激发单线态（S_1）与三线态（T_n）的电子组态，如 $^1(n,\pi^*)$ 和 $^3(\pi,\pi^*)$ 进行调控[7, 11-12]。当 S_1 与 T_n 电子组态成分差异越大时，其自旋−轨道耦合常数便越大，即单线态激子越容易通过系间窜越转移到激发三线态 T_n[图 6-1（c）]。同时，最低激发三线态（T_1）中 $^3(\pi,\pi^*)$ 电子组态的占比越高，则磷光寿命会越长。2019 年，帅志刚等借助理论计算的方式，对多种典型有机室

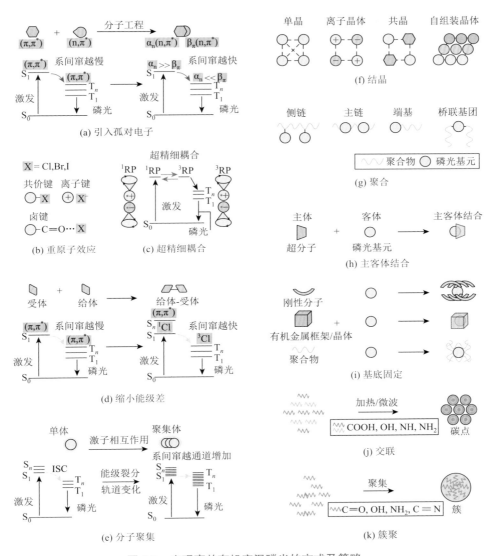

图 6-2 实现高效有机室温磷光的方式及策略

温磷光分子的激发态轨道性质、自旋-轨道耦合常数、磷光量子产率及磷光寿命进行了系统分析，证实了室温磷光性质与电子组态存在着的伴随关系，为设计高效室温磷光材料提供了一定的理论依据[13]。对于减小有机分子激发单线态与三线态之间的能级差，则可以通过引入供电子与吸电子基团的方式来实现。通常来说，具有电荷转移跃迁特征分子的单线态与三线态会拥有较小的能级差，故而系间窜越效率更高[14-15]。此外，分子聚集体也通常会比单分子具有更高的系间窜越效率。

聚集体中不同分子间的多重相互作用（或激子相互作用）会诱导单线态与三线态的能级裂分，从而通过增加系间窜越通道数量的方式提高自旋态转换的效率[16-17]。

与此同时，阻止或尽可能降低非辐射跃迁和激子猝灭则是实现有机室温磷光的另一个关键因素[18]。大量的实验和理论证明了有机发光材料的非辐射跃迁与分子的转动、振动等分子内运动密切相关，而 AIE 正是通过限制分子内运动来实现聚集态的高效发光[19]。从有机材料本身出发，研究者提出了通过结晶和聚合实现室温磷光的方法。前者依靠分子间的多种相互作用形成紧密有序的堆积排列[8]，后者则是将具有室温磷光性质的基元通过共价键连接到聚合物中[20-21]。此外，还可以通过主客体自组装或者掺杂的方式将磷光基元以非共价键的方式固定在刚性分子、金属有机框架和聚合物等基底中[22-23]。上述策略均通过刚性的环境限制剧烈的分子内运动，从而抑制非辐射跃迁过程并提高室温磷光的效率。同时，这种固态聚集环境一定程度上隔绝了环境中氧气与三线态激子的接触，降低了激子湮灭的概率。

在过去十余年间，研究人员根据大量的实验总结并提炼出上述一系列实现有机室温磷光的策略，也在这些策略的指导下开发了许多性能优异的有机室温磷光材料。例如，2011 年 Kim 等提出了利用晶体中卤键及其重原子效应激活纯有机分子的磷光行为，设计并合成了溴取代的苯甲醛衍生物 Br6A[24]。当该分子分散于良溶剂时，由于系间窜越效率较低且易发生非辐射跃迁，Br6A 仅呈现出微弱的荧光特征；但是当分子结晶后则表现出明亮的绿色室温磷光 [图 6-3（a）和（b）]。分子间卤键作用与该现象有密切的关系，它不仅充分地限制了分子内运动及非辐射跃迁的发生，还有效地促进系间窜越以产生更多的三线态激子 [图 6-3（c）]。此外，将 Br6A 与烷氧基取代的二溴苯混合制备成共晶后，其磷光量子产率可达到 55%，磷光寿命达到 8.3 ms [图 6-3（d）]。利用同种策略合成的类似结构共晶还可以实现对磷光颜色的调控。例如，2018 年唐本忠课题组利用外部重原子参与的阴离子-π 相互作用实现多种颜色的室温磷光和白光发射（图 6-4）[25]。他们基于 1, 2, 3, 4-四苯基噁唑合成了多个结构扭曲的有机盐材料，它们的荧光发射均具有明显的 AIE 特征。其中，TPO-Br 与 TPO-I 的晶体表现出强荧光（量子产率大于 35%）和室温磷光双发射的特征。单晶结构及理论计算分析表明，溴和碘原子的引入极大地增强了两个分子的自旋-轨道耦合并且形成从阴离子到 π 共轭基团的电荷转移跃迁。因此，较小的单-三线态能级差和高效的系间窜越使得 TPO-Br 和 TPO-I 表现出优异室温磷光性能。不仅如此，掺杂有 TPO-Br 的聚苯乙烯薄膜实现了单组分白光发射，其国际照明委员会（CIE）色坐标值为（0.31，0.33）。将 TPO-I/TPO-Cl（或 TPO-I/TPO-P）按一定比例掺杂到聚苯乙烯薄膜中也可实现多组分的白光发射（图 6-4）。

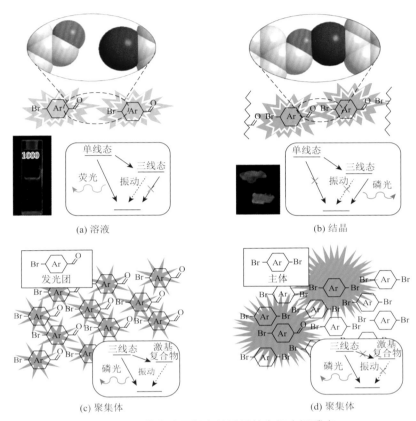

(a) 溶液　　　　　　　　　　(b) 结晶

(c) 聚集体　　　　　　　　　　(d) 聚集体

图 6-3　晶体中分子间卤键诱导的有机室温磷光

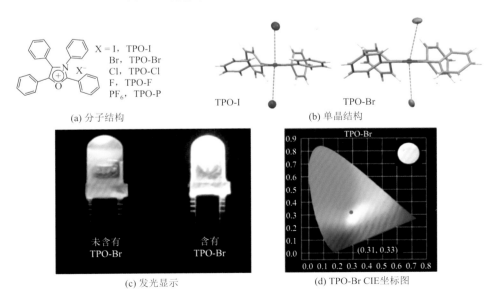

(a) 分子结构　　　　　　　　　　(b) 单晶结构

(c) 发光显示　　　　　　　　　　(d) TPO-Br CIE坐标图

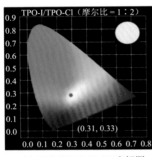 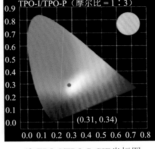 

(e) TPO-I/TPO-Cl CIE坐标图　　　(f) TPO-I/TPO-P CIE坐标图　　　(g) 薄膜发光展示

图 6-4　利用外部重原子参与的阴离子-π 相互作用实现室温磷光及单分子白光

　　由于制备简单、种类丰富，将具有磷光性质的客体分子均匀地掺杂到具有刚性结构主体分子中的方式也吸引了许多研究者的关注。这种掺杂的方式不仅能够限制分子的非辐射跃迁并隔绝空气，还可以通过简单地改变主客体分子的搭配实现对磷光颜色、寿命的调控。例如，2020 年董宇平课题组报道了利用一系列三苯胺衍生物作为客体与三苯基膦（或三苯基肿）作为主体掺杂实现从青色至橙红色的有机室温磷光（图 6-5）[26]。客体分子自身在室温下均不表现出磷光现象，仅在 77 K 的低温下才显现出不同颜色的磷光。按照 1∶50～1∶20000 的比例将客体与主体分子共熔结晶，所得到的材料可以实现超过 70%的荧光量子效率，并且具有 8%～18%量子效率和不同颜色（502～608 nm）的室温磷光，其磷光寿命也达到 250～680 ms。实验和理论计算证明，客体分子自身较大的激发态单–三线态能级差极大地限制了其系间窜越效率，从而仅表现出荧光特征；在掺杂体系中，主体分子激发三线态的能级正好处于客体分子单线态与三线态之间，其能够作为"跳板"降低能级差、提高系间窜越效率。除此之外，三苯基膦或三苯基肿与客体分子较好的相容性能够有效地限制客体的分子内运动并降低氧气猝灭效应，从而实现高效的室温磷光。

　　近年来，研究人员也发现一些有机分子的长寿命发光是材料中极微量的杂质或掺杂组分所导致[27-28]。例如，在微量的四甲基联苯胺与大量的 2,8-二（二苯基氧膦基）二苯并噻吩组成的混合体系中，微量的客体分子通常作为电子供体，而大量的主体分子则作为电子受体[29]。当客体分子被激发后会在客体与主体分子之间产生电荷跃迁并形成电荷分离的状态，并且形成的负电荷会在主体分子间不断跃迁，直到与带有正电荷的客体分子结合并发光。这种由于电荷分离、跃迁并最终结合产生的发光现象（称为长余辉）虽然具有与磷光类似的长寿命特征，但是从光物理机理的角度而言，它与通过系间窜越等过程实现的磷光是完全不同的，需要研究人员区别对待并加以研究。

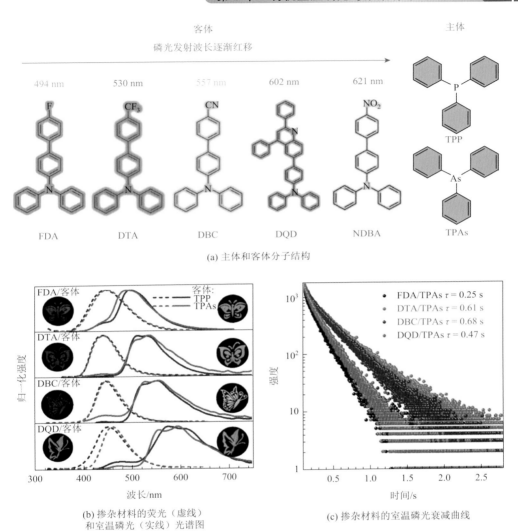

(a) 主体和客体分子结构

(b) 掺杂材料的荧光（虚线）
和室温磷光（实线）光谱图

(c) 掺杂材料的室温磷光衰减曲线

图 6-5　利用主客体掺杂实现颜色可控的室温磷光

　　随着对室温磷光材料光物理机理和调控策略的深入研究，越来越多具有优异性能的有机室温磷光材料被合成和报道，如何将它们运用到实际场景中则成了另一个关注点。在过去十余年中，研究人员充分利用有机材料低毒性、优异的生物相容性、柔性，以及室温磷光长寿命和对氧气敏感等特性，将它们成功地运用到了生物成像、信息加密、光电器件、氧气检测等多方面（图 6-6），充分地展现了这类新材料潜在的应用价值[4]。

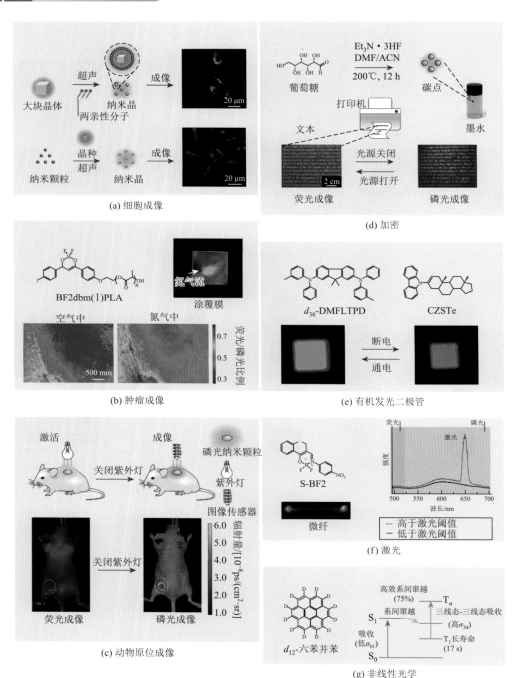

(a) 细胞成像

(d) 加密

(b) 肿瘤成像

(e) 有机发光二极管

(c) 动物原位成像

(f) 激光

(g) 非线性光学

图 6-6　有机室温磷光材料在生物成像、信息加密、光电器件等方面的应用

在生物成像方面，通常需要将磷光材料制备为纳米颗粒或纳米晶，以减小生物体内水环境对磷光的猝灭作用。将制备好的纳米材料与细胞共同培养，利用共聚焦显微镜则可以记录具有明亮磷光的细胞图像；利用具有靶向性的材料还可实现对细胞中特定细胞器的磷光成像[30]。另外，由于磷光材料对氧气具有较高的敏感度，它们还可用于生物体中具有不同氧气浓度的组织成像。例如，Cassandra L. Fraser 等报道了利用二氟硼衍生组成的聚乳酸材料（BF2dbm(Ⅰ)PLA）实现对肿瘤中不同含氧量部位的荧光/磷光比例成像[31]。此外，有机室温磷光材料还可利用长寿命发光的特点，解决传统荧光材料无法避免生物自体荧光造成的信噪比低、成像不清晰等问题。例如，2021 年蔡政旭等利用苯基噻咯衍生物制备的纳米颗粒成功实现了在小鼠体内长达 6 min 的室温磷光成像，完全避免了小鼠自体荧光的干扰[32]。

在信息加密方面，可以利用有机材料荧光、磷光的差异进行信息的时间分辨显示，从而实现对文字、图画、二维码等信息的加密处理与传递[33]。有机材料柔性和易加工等特点则利于将其制备为薄膜材料或用作 3D 打印材料。此外，有机室温磷光材料可用于制备具有荧光/磷光双发射性质的有机发光二极管（OLED），用于日常照明或作为手机、电视等设备中的显示器件[34-35]；也可用作非线性光学材料，利用其高效的系间窜越效率及三线态–三线态吸收实现对激发光源频率、波长的转换（图 6-6）[36]。

6.3　聚集诱导延迟荧光

作为下一代显示及发光技术，具有结构柔性、响应快速和器件稳定等特点的 OLED 受到了广泛的关注。为了能够使 OLED 作为平板显示器件或发光源，开发高效的有机发光材料是其中最为重要的一环。虽然现在已经有大量的荧光材料被用于制备 OLED，但是根据自旋量子统计理论，在电致发光过程中仅有 25%的单重态激子能够被用于发光，严重限制了器件的转换效率。为了解决这个问题，延迟荧光材料成了极有潜力的一种选择，其能够通过反向系间窜越过程将 75%三线态激子转化为单线态激子，在理论上实现 100%的内量子效率[37]。然而，传统的延迟荧光材料在高浓度或聚集体状态面临着严重的荧光猝灭和激子湮灭等问题 [图 6-7（a）]，只能通过将材料分散掺杂到合适的基底中来避免[38]。同时，这种掺杂 OLED 的效率滚降严重，极大地影响器件的实际应用。随着 AIE 技术的发展，研究人员将 AIE 与延迟荧光有机地结合在一起，并开发出了聚集诱导延迟荧光（AIDF）材料，解决了传统延迟荧光材料所面临的难题。具有聚集诱导延迟荧光性能的分子在溶液中几乎观察不到延迟荧光，但在聚集状态下却表现出非常显著的延迟荧光。它们不仅能够有效缓解浓度猝灭和激子湮灭，还能够充分利用电致激发产生的单线态与三线态激子实现高亮度、高效率、低滚降的固态发光[图 6-7（b）]。因此，聚集诱导延迟荧光材料可以应用于非掺杂 OLED 器件的发光层，同时能够避免不同组分之间相分离及制备复杂等问题[39]。

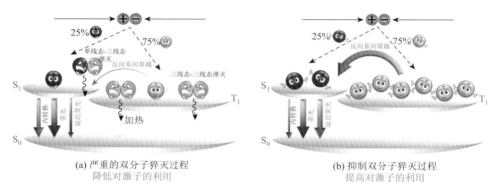

(a) 严重的双分子猝灭过程
降低对激子的利用

(b) 抑制双分子猝灭过程
提高对激子的利用

图 6-7　传统延迟荧光材料（a）与聚集诱导延迟荧光材料（b）中涉及的光物理过程

　　为了实现反向系间窜越，延迟荧光材料通常需要具有较小的激发态单-三线态能级差。通过合理的分子设计，将分子最高占据轨道与最低未占轨道所对应的空间波函数充分分离则能够成功实现较小的能级差。因此，具有延迟荧光性能的分子通常是具有由电子受体与电子供体相结合构成的扭曲结构。在上述思路的引领下，赵祖金等利用苯甲酮作为核心受体，以吩噻嗪、吩噁嗪、吖啶以及咔唑等作为电子供体，报道了一系列具有对称结构 D-A-D 型和非对称结构 D-A-D'型的聚集诱导延迟荧光分子（图 6-8）[40]。例如，利用 9,9-二甲基-9,10-二氢吖啶、二苯并噻吩作为电子供体与苯甲酰基受体构筑的非对称型分子 DBT-BZ-DMAC，同时具有 AIE 与延迟荧光特性，并且在固态下光致量子产率高达 80.2%。利用该分子构筑的非掺杂型 OLED 在 1000 cd/m² 亮度下具有 14.2% 的外量子效率（图 6-9）[41]。同时，将该分子按不同浓度比例掺杂制备的器件表现出效率滚降随掺杂比例升高而保持相对稳定的特征，进一步证明了聚集诱导延迟荧光材料在抑制激子湮灭和实现高效固态发光方面的潜力。为了进一步提高载流子的传输能力，研究人员利用 9-苯基咔唑制备了 CP-BP-PXZ、CP-BP-PTZ 和 CP-BP-DMAC 三个分子[37]。它们具有极好的热稳定性和超过 45% 的固态光致量子产率。利用三个分子制备的非掺杂型 OLED 具有 2.5～2.7 V 的开启电压、最高达到 18.4% 的外量子效率和 0.2% 的低效率滚降。此外，利用吩噁嗪和芴衍生物作为电子供体构筑的分子 DMF-BP-PXZ 还实现了具有反卡莎规则的荧光发射，其构筑的 OLED 能够实现在 27000 cd/m² 亮度下 13.3% 的外量子产率，具有大规模商业化应用前景[42]。

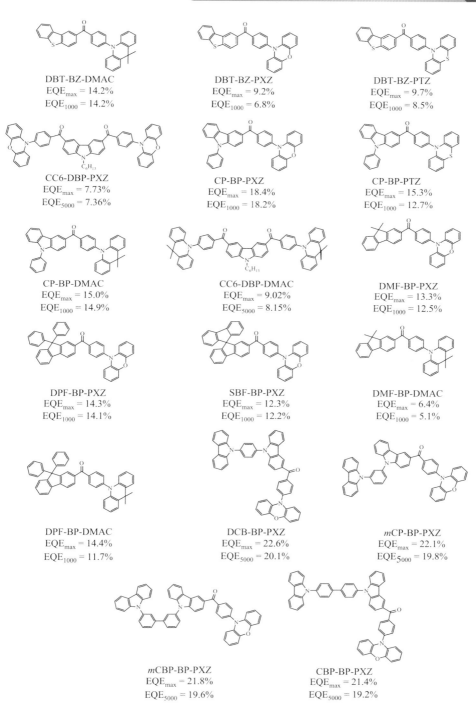

DBT-BZ-DMAC
EQE$_{max}$ = 14.2%
EQE$_{1000}$ = 14.2%

DBT-BZ-PXZ
EQE$_{max}$ = 9.2%
EQE$_{1000}$ = 6.8%

DBT-BZ-PTZ
EQE$_{max}$ = 9.7%
EQE$_{1000}$ = 8.5%

CC6-DBP-PXZ
EQE$_{max}$ = 7.73%
EQE$_{5000}$ = 7.36%

CP-BP-PXZ
EQE$_{max}$ = 18.4%
EQE$_{1000}$ = 18.2%

CP-BP-PTZ
EQE$_{max}$ = 15.3%
EQE$_{1000}$ = 12.7%

CP-BP-DMAC
EQE$_{max}$ = 15.0%
EQE$_{1000}$ = 14.9%

CC6-DBP-DMAC
EQE$_{max}$ = 9.02%
EQE$_{5000}$ = 8.15%

DMF-BP-PXZ
EQE$_{max}$ = 13.3%
EQE$_{1000}$ = 12.5%

DPF-BP-PXZ
EQE$_{max}$ = 14.3%
EQE$_{1000}$ = 14.1%

SBF-BP-PXZ
EQE$_{max}$ = 12.3%
EQE$_{1000}$ = 12.2%

DMF-BP-DMAC
EQE$_{max}$ = 6.4%
EQE$_{1000}$ = 5.1%

DPF-BP-DMAC
EQE$_{max}$ = 14.4%
EQE$_{1000}$ = 11.7%

DCB-BP-PXZ
EQE$_{max}$ = 22.6%
EQE$_{5000}$ = 20.1%

*m*CP-BP-PXZ
EQE$_{max}$ = 22.1%
EQE$_{5000}$ = 19.8%

*m*CBP-BP-PXZ
EQE$_{max}$ = 21.8%
EQE$_{5000}$ = 19.6%

CBP-BP-PXZ
EQE$_{max}$ = 21.4%
EQE$_{5000}$ = 19.2%

图 6-8　一系列具有聚集诱导延迟荧光性能的分子结构及其外量子效率（EQE）数据

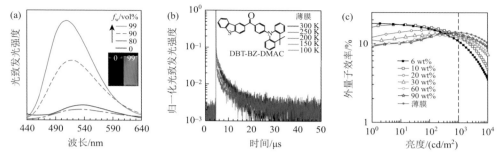

图 6-9 （a）DBT-BZ-DMAC 分子在四氢呋喃/水混合溶液中的光致发光谱图；
（b）DBT-BZ-DMAC 薄膜在不同温度下延迟荧光峰的衰减曲线；（c）基于
DBT-BZ-DMAC 所制备的 OLED 亮度与外量子效率关系图

　　延迟荧光材料较小的激发态单-三线态能级差也导致了室温磷光等其他发光过程同时发生，使得这类分子的光物理过程变得复杂。例如，杨楚罗等报道利用吩噁嗪和三联吡啶合成的分子 PXZT 同时具备延迟荧光与室温磷光双发射特征，并可被用于时间分辨的细胞成像[43]；池振国则报道了具有荧光、延迟荧光和力致发光性能的非对称 D-A-D′型分子，其固态下的延迟荧光量子产率甚至高达 93.3%[44]。

6.4　本章小结

　　AIE 的发展将单分子与聚集体联系在一起，许多在单分子状态无法观察到的现象在聚集状态下得以显现，有机室温磷光和聚集诱导延迟荧光便是两类代表。对于有机室温磷光，大量的研究证明了聚集状态能够促进有机磷光分子系间窜越过程、延长激发三线态激子寿命并有效地抑制非辐射跃迁和氧气猝灭过程，进而提高磷光量子产率并增长磷光寿命。本章简要介绍了多种实现室温磷光的分子设计策略和性能调控方法，并对有机室温磷光材料的潜在应用领域进行了概括。延迟荧光材料则是一类在有机发光二极管中具有巨大潜力的发光材料。利用分子较小的激发态能级差以及扭曲的结构，聚集诱导延迟荧光材料能够极大程度地利用电致发光过程中产生的单线态和三线态激子，并且抑制浓度猝灭效应和激子湮灭、降低器件的效率滚降。本章还简要地介绍了一些典型的聚集诱导延迟荧光分子及其制备的器件性能。

　　虽然目前的研究已经在有机室温磷光和聚集诱导延迟荧光这两个细分领域取得了一系列突破性的进展，但是仍然缺乏对这两类材料在聚集状态下光物理过程的深入认识，缺乏多尺度模拟工具和理论的指导。从基于分子设计、性能调控的基础研究到不同维度的工业化应用，研究人员将会继续开展研究并寻找答案。相信 AIE 的飞速发展将助力有机室温磷光和聚集诱导延迟荧光研究取得新的突破，这两个细分领域的进步也将推动聚集体科学迈向更高的舞台。

参 考 文 献

[1] Zhang H, Zhao Z, Turley A T, et al. Aggregate science: From structures to properties. Advanced Materials, 2020, 32 (36): 2001457.

[2] Zhao Z, Zhang H, Lam J W Y, et al. Aggregation-induced emission: New vistas at aggregate level. Angewandte Chemie International Edition, 2020, 59 (25): 9888-9907.

[3] Mei J, Leung N L C, Kwok R T K, et al. Aggregation-induced emission: Together we shine, united we soar!. Chemical Reviews, 2015, 115 (21): 11718-11940.

[4] Zhao W, He Z, Tang B Z. Room-temperature phosphorescence from organic aggregates. Nature Reviews Materials, 2020, 5: 869-885.

[5] Zheng K, Ni F, Chen Z, et al. Polymorph-dependent thermally activated delayed fluorescence emitters: Understanding TADF from a perspective of aggregation state. Angewandte Chemie International Edition, 2020, 59 (25): 9972-9976.

[6] Lower S K, EI-Sayed M A. The triplet state and molecular electronic processes in organic molecules. Chemical Reviews, 1966, 66 (2): 199-241.

[7] Zhao W, He Z, Lam J W Y, et al. Rational molecular design for achieving persistent and efficient pure organic room-temperature phosphorescence. Chem, 2016, 1 (4): 592-602.

[8] Yuan W Z, Shen X Y, Zhao H, et al. Crystallization-induced phosphorescence of pure organic luminogens at room temperature. The Journal of Physical Chemistry C, 2010, 114 (13): 6090-6099.

[9] Shi H, Song L, Ma H, et al. Highly efficient ultralong organic phosphorescence through intramolecular-space heavy-atom effect. Journal of Physical Chemistry Letters, 2019, 10 (3): 595-600.

[10] He G, Torres D W, Schatz D J, et al. Coaxing solid-state phosphorescence from tellurophenes. Angewandte Chemie International Edition, 2014, 54 (18): 4587-4591.

[11] Zhou C, Zhang S, Gao Y, et al. Ternary emission of fluorescence and dual phosphorescence at room temperature: A single-molecule white light emitter based on pure organic aza-aromatic material. Advanced Functional Materials, 2018, 28 (32): 1802407.

[12] Riebe S, Vallet C, Vight F V D, et al. Aromatic thioethers as novel luminophores with aggregation-induced fluorescence and phosphorescence. Chemistry-A European Journal, 2017, 23 (55): 13660-13668.

[13] Ma H, Peng Q, An Z, et al. Efficient and long-lived room-temperature organic phosphorescence: Theoretical descriptors for molecular designs. Journal of the American Chemical Society, 2019, 141 (2): 1010-1015.

[14] Matsuoka H, Retegan M, Schmitt L, et al. Time-resolved electron paramagnetic resonance and theoretical investigations of metal-free room-temperature triplet emitters. Journal of the American Chemical Society, 2017, 139 (37): 12968-12975.

[15] Bhatia H, Bhattacharjee I, Ray D. Biluminescence via fluorescence and persistent phosphorescence in amorphous organic donor(D4)-acceptor(A) conjugates and application in data security protection. Journal of Physical Chemistry Letters, 2018, 9 (14): 3808-3813.

[16] Kasha M, Rawls H R, El-Bayoumi M A. The exciton model in molecular spectroscopy. Pure and Applied

Chemistry，1965，11（3-4）：371-392.

[17] Yang J，Zhen X，Wang B，et al. The influence of the molecular packing on the room temperature phosphorescence of purely organic luminogens. Nature Communications，2018，9：840.

[18] Schulman E M，Parker R T. Room temperature phosphorescence of organic compounds. The effects of moisture，oxygen，and the nature of the support-phosphor interaction. The Journal of Physical Chemistry，2002，81（20）：1932-1939.

[19] Zhang J，Zhang H，Lam J W Y，et al. Restriction of intramolecular motion（RIM）：Investigating AIE mechanism from experimental and theoretical studies. Chemical Research in Chinese Universities，2021，37：1-15.

[20] Chen H，Yao X，Ma X，et al. Amorphous，efficient，room-temperature phosphorescent metal-free polymers and their applications as encryption ink. Advanced Optical Materials，2016，4（9）：1397-1401.

[21] Ma X，Xu C，Wang J，et al. Amorphous pure organic polymers for heavy-atom-free efficient room-temperature phosphorescence emission. Angewandte Chemie International Edition，2018，57（34）：10854-10858.

[22] Ma X，Wang J，Tian H. Assembling-induced emission：An efficient approach for amorphous metal-free organic emitting materials with room-temperature phosphorescence. Accounts of Chemical Research，2019，52（3）：738-748.

[23] Hirata S，Totani K，Zhang J，et al. Efficient persistent room temperature phosphorescence in organic amorphous materials under ambient conditions. Advanced Functional Materials，2013，23（27）：3386-3397.

[24] Bolton O，Lee K，Kim H J，et al. Activating efficient phosphorescence from purely organic materials by crystal design. Nature Chemistry，2011，3：205-210.

[25] Wang J，Gu X，Ma H，et al. A facile strategy for realizing room temperature phosphorescence and single molecule white light emission. Nature Communications，2018，9：2963.

[26] Lei Y，Dai W，Guan J，et al. Wide-range color-tunable ultralong organic phosphorescence materials for printable and writable security inks. Angewandte Chemie International Edition，2020，59（37）：16054-16060.

[27] Alam P，Leung N L C，Liu J，et al. Two are better than one：A design principle for ultralong-persistent luminescence of pure organics. Advanced Materials，2020，32（22）：2001026.

[28] Chen C，Chi Z，Chong K C，et al. Carbazole isomers induce ultralong organic phosphorescence. Nature Materials，2021，20：175-180.

[29] Kabe R，Adachi C. Organic long persistent luminescence. Nature，2017，550：384-387.

[30] Kenry，Chen C，Liu B. Enhancing the performance of pure organic room-temperature phosphorescent luminophores. Nature Communications，2019，10：2111.

[31] Zhang G，Palmer G M，Dewhirst M W，et al. A dual-emissive-materials design concept enables tumour hypoxia imaging. Nature Materials，2009，8：747-751.

[32] Yang J，Zhang Y，Wu X，et al. Rational design of pyrrole derivatives with aggregation-induced phosphorescence characteristics for time-resolved and two-photon luminescence imaging. Nature Communications，2021，12：4883.

[33] Ye W，Ma H，Shi H，et al. Confining isolated chromophores for highly efficient blue phosphorescence. Nature Materials，2021，20：1539-1544.

[34] Yuan T，Yuan F，Li X，et al. Fluorescence-phosphorescence dual emissive carbon nitride quantum dots show 25% white emission efficiency enabling single-component WLEDs. Chemical Science，2019，10：9801-9806.

[35] Kabe R，Notsuka N，Yoshida K，et al. Afterglow organic light-emitting diode. Advanced Materials，2016，28（4）：655-660.

[36]　Hirata S，Vacha M. Large reverse saturable absorption at the sunlight power level using the ultralong lifetime of triplet excitons. Journal of Physical Chemistry Letters，2017，8（15）：3683-3689.

[37]　Huang J，Nie H，Zeng J，et al. Highly efficient nondoped OLEDs with negligible efficiency roll-off fabricated from aggregation-induced delayed fluorescence luminogens. Angewandte Chemie International Edition，2017，56（42）：12971-12976.

[38]　Tao Y，Yuan K，Chen T，et al. Thermally activated delayed fluorescence materials towards the breakthrough of organoelectronics. Advanced Materials，2014，26（47）：7931-7958.

[39]　Guo J，Zhao Z，Tang B Z. Purely organic materials with aggregation-induced delayed fluorescence for efficient nondoped OLEDs. Advanced Optical Materials，2018，6（15）：1800264.

[40]　Liu H，Guo J，Zhao Z，et al. Aggregation-induced delayed fluorescence. ChemPhotoChem，2019，3（10）：993-999.

[41]　Guo J，Li X L，Nie H，et al. Achieving high-performance nondoped OLEDs with extremely small efficiency roll-off by combining aggregation-induced emission and thermally activated delayed fluorescence. Advanced Functional Materials，2017，27（13）：1606458.

[42]　Guo J，Fan J，Lin L，et al. Mechanical insights into aggregation-induced delayed fluorescence materials with anti-Kasha behavior. Advanced Science，2019，6（3）：1801629.

[43]　Ni F，Zhu Z，Tong X，et al. Organic emitter integrating aggregation-induced delayed fluorescence and room-temperature phosphorescence characteristics，and its application in time-resolved luminescence imaging. Chemical Science，2018，9：6150-6155.

[44]　Xu S，Liu T，Mu Y，et al. An organic molecule with asymmetric structure exhibiting aggregation-induced emission，delayed fluorescence，and mechanoluminescence. Angewandte Chemie International Edition，2015，54（3）：874-878.

固态分子运动

7.1 引言

　　大到宇宙，小至分子、原子，所有的物质都在运动。分子运动在决定材料的行为和性质方面起着重要作用，其一直是重要的科学研究课题。气态和液态条件下的分子运动已得到广泛研究，而固态分子运动却较少被研究。其根本原因是人们普遍认为，在固态高黏度、强分子间相互作用条件下，分子难以运动。此外缺乏高效可行的表征方法也给固态分子运动研究造成了障碍。因此寻找合适的表征方法是研究固态分子运动亟须解决的一大难题。

　　传统材料表征方法包括 X 射线光电子能谱、X 射线衍射、质谱、拉曼光谱，可以提供静态材料结构信息如材料的化学成分、结构及分布，但其在研究分子运动方面效果不佳。固态核磁共振尽管能够对分子运动进行分析，但无法直接"看到"运动过程。另外，电子显微镜技术，如扫描电子显微镜、透射电子显微镜、原子力显微镜技术，足以可视化固态材料的形态、晶体和成分信息，但是这些技术存在操作烦琐、非原位表征等较难克服的问题。在这方面，荧光成像技术具有响应快、灵敏度高等优点，有望实现固态分子运动的实时和现场可视化。然而，传统荧光分子由于其聚集导致猝灭效应而不适用于固态分子运动研究。AIE 分子的出现很好地解决了这一问题，其固态的强发射，使它们成为研究固态分子运动有前途的候选者。

7.2 聚集诱导发光分子的固态分子运动

　　AIE 分子是一类在单分子自由态下不发光或发光较弱而在聚集态发光显著增强的新型荧光分子[1-3]。AIE 分子通常具有由多个分子转子修饰的扭曲结构，其赋予分子很强的运动能力，这有利于抑制强烈的分子间相互作用。以四苯基乙烯

（TPE）为例（图 7-1），TPE 分子由中心烯烃单元接枝四个分子转子（苯环）组成。在溶液状态下，处于激发态的双键开/关及苯环的动态旋转非辐射地耗散了激发态的能量，从而猝灭荧光。但在聚集态下，分子内运动受限。此外，由于相邻苯环间的位阻排斥作用形成了高度扭曲的分子构型，非辐射跃迁受到抑制，能量以辐射跃迁形式进行耗散，使得荧光增强。AIE 分子的荧光与它们的分子运动（如旋转或振动）紧密相关，换句话说，固态分子运动可以通过荧光变化可视化。因此，它们是研究固态分子运动的理想模型，可以通过 AIE 分子来探索固态分子运动的潜在应用。本章将简要总结近年来 AIE 分子在固态分子运动可视化、调控及应用方面的工作。首先介绍 AIE 分子在固态分子运动可视化中的应用，随后介绍由固态分子运动引发的生物应用，最后讨论 AIE 分子在固态分子运动领域的机遇与挑战。

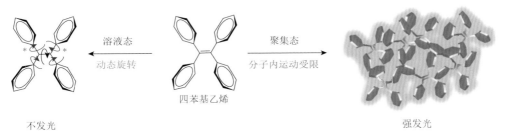

溶液态　动态旋转

聚集态　分子内运动受限

四苯基乙烯

不发光

强发光

图 7-1　典型 AIE 分子结构及其发光原理

　　由于荧光材料在电子和光学领域的广泛应用前景，许多科研工作者致力于研究可在固态下工作的新型荧光材料。特别令人关注的是那些可以在两种不同的状态（如暗/亮、开/关）之间反复切换的发光材料。目前具有这类性质的材料大多是在溶液态下工作，而用于固态的响应性材料报道较少。2007 年，唐本忠课题组报道了一个有趣的 AIE 分子 BpPDBF［图 7-2（a）］[4]。BpPDBF 分子具有不对称扭曲结构，其松散的分子堆积有助于活跃的分子运动，因此在非晶态下几乎没有荧光［图 7-2（b）］。然而，由于存在 C—H⋯π 相互作用，分子结构刚性化以限制分子内运动，BpPDBF 在结晶状态下具有强荧光性。这种特殊的结晶诱导发射（crystallization-induced emission，CIE）特性提供了明显的荧光强度对比，使得非晶域和结晶域之间的分子运动可视化。不幸的是，非晶膜在室温下放置 24 h 仍未结晶，这可能是由于 BpPDBF 分子运动能力不足［图 7-2（c）］。实际上，这是固态分子运动经常遇到的挑战。为了激活分子运动，将非晶膜在 160℃ 退火约 1 min，强烈蓝色荧光的出现表明固态分子运动形成了结晶域。但是，需要注意的是，该分子运动是由外部刺激激活的，这对于智能应用是不满足要求的。

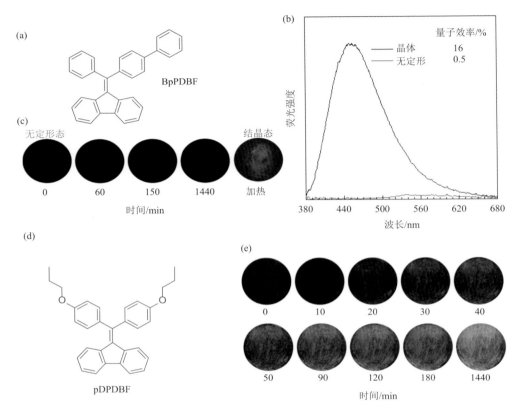

图 7-2 （a）BpPDBF 的化学结构；（b）BpPDBF 处于结晶态和非晶态的光致发光（PL）光谱；（c）BpPDBF 用研钵研磨后，在室温（19℃）下荧光自发恢复；（d）pDPDBF 的化学结构；（e）pDPDBF 用研钵研磨后，在室温（19℃）下荧光自发恢复

为了激活分子运动，可以增强聚合物链迁移性的增塑剂引起了人们的注意。基于此考虑，将柔性丙氧基接枝到原有骨架上，得到 pDPDBF［图 7-2（d）］[5]。pDPDBF 分子具有典型的 CIE 特性：在非晶态下几乎无荧光，而在结晶态下具有强荧光。并且深色非晶膜在室温下随着时间的流逝发光越来越强，表明分子自发排列规则从而形成结晶域［图 7-2（e）］。该结果表明烷基链的增塑对于分子运动是有益的。因此，可以通过检测发射信号来"看到"自发的分子运动。但是，对于快速响应系统，荧光恢复时间（约 20 min）过长。基于塑化作用的 pDPDBF 的固态分子运动仍然不太活跃，因此寻求触发分子运动的策略非常有必要。

为了进一步激活分子运动，唐本忠课题组将强 π-π 相互作用引入 AIE 分子，制备了一种含有 π-共轭苊环的新型 AIE 分子 PIP［图 7-3（a）］[6]。值得注意的是，π-π 相互作用不仅为分子堆积提供了强大的驱动力，而且可以猝灭荧光以提供视觉对比度。与 BpPDBF 和 pDPDBF 不同，PIP 显示出异常的结晶引起猝灭（crystallization-caused quenching，CCQ）效应，分子在无定形态下强烈发光，而在晶态下不发光。单晶 X 射线衍射分析表明，CCQ 效应是由 π 网络形成引起的，π-π 相互作用的破坏导致荧光的开启 [图 7-3（b）]。值得注意的是，在外部扰动时，π 网络在室温下自发再生，在此期间可以观察到荧光强度的变化。如图 7-3（c）所示，刮擦 PIP 的深色结晶膜会使其发光。由于分子之间强大的吸引力，明亮的区域在 2 s 内迅速恢复到微弱的发射状态。在存在或不存在 π-π 相互作用的情况下，PIP 具有不同发射特性，通过高荧光开/关对比度可以实现分子运动可视化。这种基于自发分子运动的技术可应用于可重写的纸张 [图 7-3（d）]。总而言之，快速分子运动可以在固态环境条件下实现，并通过荧光强度的变化对其进行观察。

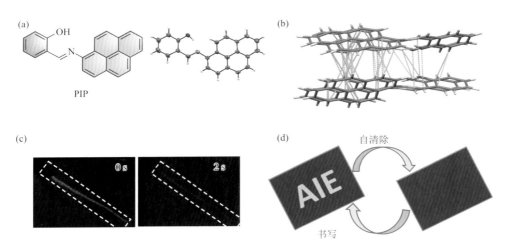

图 7-3 （a）PIP 的分子结构及其热椭球（50%）图；（b）单晶 X 射线衍射结构中的分子间 π-π 相互作用；（c）快速打开/关闭荧光过程的视觉演示；（d）书写擦除过程的示意图

被激活的分子运动具有众多应用。它们可以将其能量转移为荧光用于发光器件和生物成像，还可以通过非辐射跃迁将其能量转变为热量。这种暗态很容易被忽略，尽管产生的热量对于光热治疗（photothermal therapy，PTT）和光声（photoacoustic）成像有益。基于这一考虑，如果进一步增强分子运动，将有利于提高 PTT 和 PA 成像的效果。同时，由于常见近红外（NIR）染料的疏水性，使用两亲共聚物自组装成纳米颗粒（nanoparticles，NPs）显得尤为重要，两亲性基质通常赋予有机染料优异的胶体稳定性和肿瘤被动靶向能力。受固态分子烷基链塑化作用的启发,唐本忠团队研究了侧链工程对 NPs 内染料光热转换性能的影响[7]。如图 7-4（a）所示,将不同支化度和长度的烷基链接枝到具有近红外吸收的分子结构上。具有 2-癸基肉豆蔻基单元的 NIRb14 在 NPs 中的荧光猝灭现象证明非辐射跃迁占主导 [图 7-4（b）]。具有 2-乙基己基分支的染料 NIRb6 与具有线形己基链的 NIR6 分子相比展现出更强的光热性能 [图 7-4（c）]。同样,进一步增加支链长度,从 NIRb6 中的 2-乙基己基增加为 NIRb10 中的 2-辛基癸基,最后增加到 NIRb14 中的 2-癸基肉豆蔻基,光热性能依次增强,其中 NIRb14 展现出最高的光热转换效率（photothermal conversion efficiency，PCE）（31.2%）,远高于 NIR6 的 PCE（22.6%）。同时 NIRb14 的 NPs 也具有比其他分子 NPs 更好的光声性能,其光声强度是 NIR6 NPs 的 1.5 倍 [图 7-4（d）]。另外,NPs 中染料的分子运动能够以光热性能或光声强度的形式可视化。除了激活聚集体中分子内运动外,长支链烷基链进一步增强了染料的扭曲分子内电荷转移（twisted intramolecular charge transfer，TICT）效应,促进了染料进一步跃迁产生热量。光热数据证实长支链烷基链在促进分子内运动中起着关键作用。

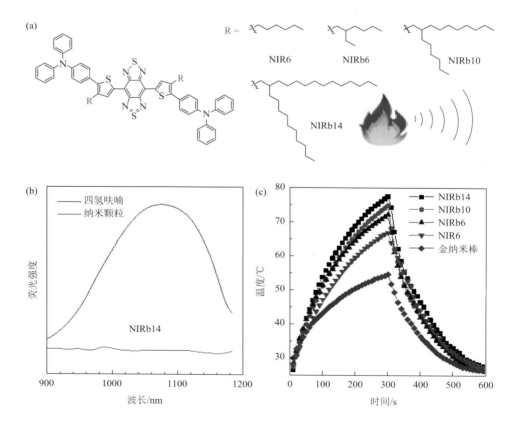

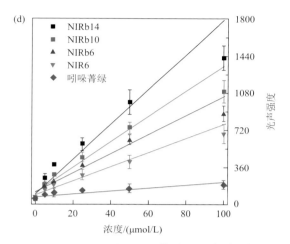

图 7-4　（a）NIRb14、NIRb10、NIRb6 和 NIR6 的分子设计；（b）NIRb14 在四氢呋喃和 NPs 中的 PL 光谱；用金纳米棒和吲哚菁绿比较相同浓度（100 μmol/L）的 PBS 溶液中 NPs 的光热转换行为（c）和光声强度（d）

　　为了进一步观察长支链烷基链促进分子内运动的效果，唐本忠团队将 NIR 吸收单元与长支链烷基链结合在一起用于设计新型发光材料。所得染料分子展现出有趣的性能，即分子内运动诱导光热转换（intramolecular motion-induced photothermy，iMIPT），由于活跃的激发态分子内运动，染料分子在聚集体状态下具有高效的光热转换性能［图 7-5（a）］[8]。以 2TPE-2NDTA 分子为例，其外围为四苯乙烯单元，主链中具有长支链烷基链［图 7-5（b）］。室温下 2TPE-2NDTA 的四氢呋喃溶液没有发射，证明由活跃分子运动引起的压倒性非辐射衰减［图 7-5（c）］。有趣的是，将溶液冷却至 77 K 时观察到强烈的荧光，表明分子运动受到限制。在 NPs 中，2TPE-2NDTA 的长支链烷基链为分子内运动提供了自由空间，PCE

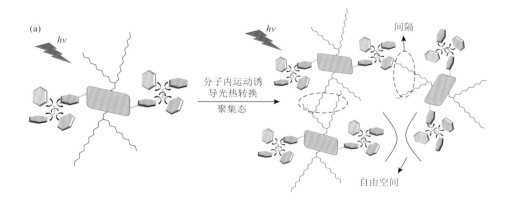

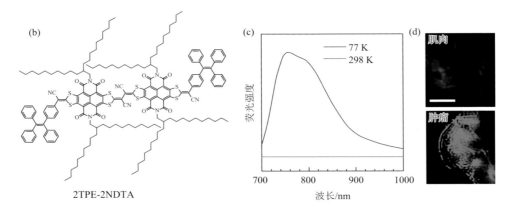

图 7-5　（a）iMIPT 工作机制示意图；（b）2TPE-2NDTA 的化学结构；（c）2TPE-2NDTA 的四氢呋喃溶液在 77 K 和 298 K 时的 PL 光谱；（d）2TPE-2NDTA 掺杂 NPs 给药小鼠的肌肉和肿瘤光声图像（在 730 nm 脉冲激光照射下以 17.5 mJ/cm² 的激光通量和 10 Hz 的重复频率拍摄的光声图像，比例尺等于 3 mm）

高达 54.9%。固态核磁共振数据也证明了长支链烷基链在激活分子内运动中起着关键作用。由于 iMIPT 分子具有很强的光声信号，其 NPs 可以在体内以高对比度来描绘肿瘤 [图 7-5（d）]。因此，所提出的 iMIPT 概念将激发态分子内运动与生物医学功能/功效紧密联系在一起。

7.3　本章小结

自 2001 年发现 AIE 现象以来，AIE 已经衍生了许多光致发光的新领域。本章概述了 AIE 领域中的一个新兴进展：固态分子运动。AIE 分子固有的螺旋桨结构有利于分子运动。由 CIE 或 CCQ 效应引起的非晶态和结晶态之间的开/关发光性质已被证明是可视化分子运动的有用工具。通过将增塑单元引入 AIE 分子以控制分子运动可应用于智能材料。iMIPT 概念将激发态分子内运动与生物医学功能/功效联系在一起，为设计高效光热剂提供了新的思路。

这个领域的未来将会怎样？当前，分子运动仅通过荧光强度变化来反映，未来的信号输出应侧重于更直观的颜色变化。分子运动的驱动力还有待进一步探讨，如氢键、超分子相互作用、电荷相互作用、配位相互作用等。除 π-π 相互作用外，还可以利用其他光物理过程，包括系间窜越等来触发荧光开/关。最重要的是，目前报道的固态分子运动具有无规性，因此，下一步的研究重点可能会是克服固态单向运动的问题。

[1] Li Y Y，Liu S J，Han T，et al. Sparks fly when AIE meets with polymers. Materials Chemistry Frontiers，2019，3（11）：2207-2220.

[2] Liu S J，Cheng Y H，Zhang H K，et al. *In situ* monitoring of RAFT polymerization by tetraphenylethylene-containing agents with aggregation-induced emission characteristics. Angewandte Chemie International Edition，2018，57（21）：6274-6278.

[3] Liu S J，Li Y Y，Zhang H K，et al. Molecular motion in the solid state. ACS Materials Letters，2019，1（4）：425-431.

[4] Dong Y Q，Lam J W Y，Qin A J，et al. Switching the light emission of（4-biphenylyl）phenyldibenzofulvene by morphological modulation：Crystallization-induced emission enhancement. Chemical Communications，2007，1：40-42.

[5] Luo X L，Li J N，Li C H，et al. Reversible switching of the emission of diphenyldibenzofulvenes by thermal and mechanical stimuli. Advanced Materials，2011，23（29）：3261-3265.

[6] Alam P，Leung N L C，Cheng Y H，et al. Spontaneous and fast molecular motion at room temperature in the solid state. Angewandte Chemie International Edition，2019，58（14）：4536-4540.

[7] Liu S J，Zhou X，Zhang H K，et al. Molecular motion in aggregates：Manipulating TICT for boosting photothermal theranostics. Journal of American Chemical Society，2019，141（13）：5359-5368.

[8] Zhao Z，Chen C，Wu W T，et al. Highly efficient photothermal nanoagent achieved by harvesting energy via excited-state intramolecular motion within nanoparticles. Nature Communications，2019，10：768.

第8章

>>

聚集诱导发光材料在光动力治疗中的
优势及研究进展

光动力治疗（photodynamic therapy，PDT）是利用光和光敏剂（即光敏药物）共同作用治疗疾病的一种新技术[1]。早在公元前3000年，就有古希腊人和古埃及人通过口服或外用某些草药后晒太阳来治疗白癜风的记载。20世纪初，人类开始认识并系统地研究光动力治疗。到20世纪70～80年代，光动力治疗迎来了其发展史上一个里程碑式的重要时期，在此期间，光动力治疗成功应用于多种疾病的临床治疗。随着第一代光敏剂血卟啉衍生物（haematoporphyrin derivatives，HpD）和卟吩姆钠（porfimer sodium，POR）被批准进入临床，光动力治疗在临床应用中的地位被正式确立，成为一种全新、有效的疾病治疗模式。相比于传统治疗方法，光动力治疗具有非侵入性、可控性、高时空精度和低毒副作用等，在癌症等多种疾病的治疗方面表现出巨大的应用潜力[2]。

8.1 光动力治疗的基本原理

光动力治疗作为目前获得临床认可的一种新颖的疾病治疗方法，其基本过程为：首先对患者进行系统或者局部光敏药物给药，待光敏药物选择性地在病变部位富集以后，用特定波长的光照射病变部位，使聚集在病变部位的光敏药物活化，生成具有细胞毒性的活性氧（reactive oxygen species，ROS），从而氧化破坏组织和细胞中的各种生物大分子（DNA、RNA、蛋白质等），产生细胞毒性作用或引起机体的其他生物学反应，使病变细胞发生不可逆的损伤，最终引起细胞死亡，达到治疗疾病的目的（图8-1）[3-5]。

光动力治疗作用的基础是光敏剂在光照条件下发生的一系列复杂的光化学-生物学过程[6-9]。一般而言，当吸收光子能量后，电子会由基态（S_0）跃迁至激发单线态，处于激发态的电子可以通过快速的内转换和振动弛豫到达第一激发单线

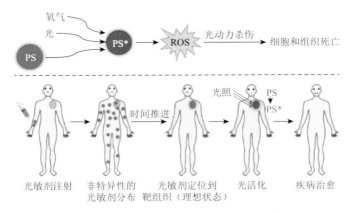

图 8-1　光动力治疗基本过程示意图[3]

态（S$_1$），进而通过辐射跃迁（荧光）或非辐射跃迁（热耗散）返回基态。当 S$_1$ 和第一激发三线态（T$_1$）间的能级差（ΔE_{ST}）足够小时，S$_1$ 可以快速系间窜越至较长寿命的 T$_1$。随后，处于激发三线态的光敏剂分子将发生以下两种类型的反应：①直接与底物或溶剂发生脱氢反应或电子转移，产生羟基自由基（$^{\bullet}$OH）、超氧自由基（$^{\bullet}$O$_2^-$）或过氧化氢（H$_2$O$_2$）等，对细胞产生氧化损伤，从而杀死细胞，这一过程为 I 型机制（Type I）；②与基态氧分子发生能量传递，产生单线态氧（^{1}O$_2$），具有高反应活性和高氧化性的单线态氧能够有效氧化生物分子，诱导病变细胞死亡，此过程为 II 型机制（Type II）（图 8-2）。光动力作用的 I 型机制和 II 型机制不是相互孤立的，而是相互影响、相互促进，甚至有些活性氧物种是可以相互转化的。

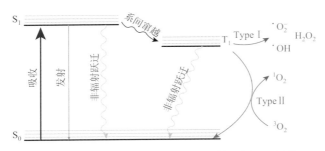

图 8-2　光敏剂分子产生活性氧物种的过程示意图

8.2　聚集诱导发光分子在光动力治疗中的优势

作为光动力治疗的核心，光敏剂在光动力治疗中起着至关重要的作用，其性能的好坏直接影响光动力治疗的效果。适合用于光动力治疗的光敏剂需要具备暗毒性低、光敏性好、摩尔吸光系数高和光稳定性好等基本条件。卟啉类光敏剂是目前研究和应用最多的一类光敏药物，其依据结构上的差异，大致可以分为卟啉、卟吩、菌绿素、酞菁类等[10, 11]，目前已广泛应用于疾病的临床光动力治疗。此外，一些非卟啉类的天然产物如金丝桃素、核黄素、姜黄素，以及一些合成光敏剂如芳酸衍生物、BODIPY 类光敏剂和过渡金属复合物等也相继被开发[11-13]。

　　然而，这些光敏药物，特别是卟啉类光敏剂大多具有刚性平面结构，在生理环境中易发生 π-π 堆积，从而导致荧光猝灭和活性氧的产生效率下降，这种 ACQ 效应大大降低了其光动力治疗效果。另外，传统光敏剂还存在选择性差、易光漂白等问题，极大地限制了其临床应用[14]。相比于传统的 ACQ 类光敏剂，具有 AIE 性质的光敏剂在生理环境中聚集后，除了表现出更加优异的光学性质（量子产率高、光稳定性好、斯托克斯位移大等）以外，还能高效地产生活性氧，在荧光指导的光动力治疗领域具有广阔的应用前景[15, 16]。特别地，与 ACQ 分子在聚集态降低的荧光亮度和活性氧产生效率不同，AIE 分子在纳米颗粒中表现出与包载量呈正相关性的荧光亮度和活性氧产生能力［图 8-3（a）］[17]。

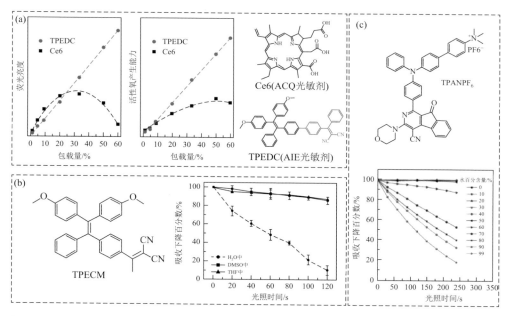

图 8-3 　（a）AIE 光敏剂 TPEDC 和 ACQ 光敏剂二氢卟吩（Ce6）在制备成纳米颗粒后，其荧光亮度和活性氧产生能力随包载量的变化[17]；（b）TPECM 的分子结构及其在良溶剂和不良溶剂中的活性氧产生情况[20]；（c）TPANPF₆ 的分子结构及其在不同水比例下的 DMSO/水体系中活性氧产生情况[21]

　　AIE 光敏剂优异的活性氧产生能力主要可以从以下两方面来解释：①在聚集状态下，AIE 光敏剂的热耗散渠道被抑制，使得激发态能量主要通过其他两个途径来消耗，即辐射跃迁和系间窜越至三线态。前者能够促进发光效率的极大提升，后者有利于活性氧的产生[18]。②根据"聚集导致系间窜越"（aggregation-induced intersystem crossing，AI-ISC）理论，相比单分子状态而言，聚集状态下荧光分子的激发单线态和激发三线态间的能量匹配更好，能极差更小，有利于激子能量从激发单线态向激发三线态转移，进而提升活性氧的产生效率[19]。例如，Liu 课题组在 2015 年便观察到 AIE 分子 TPECM 在聚集态表现出比溶解状态更高的活性氧产生能力［图 8-3（b）][20]。此外，唐本忠课题组还发现，在良溶剂（DMSO）和不良溶剂（水）的混合体系中，随着不良溶剂比例的增加，AIE 分子 TPANPF₆ 逐渐聚集，其活性氧产生能力逐渐提高［图 8-3（c）][21]。以上这种光敏剂分子在聚集态表现出比溶解状态更高效的活性氧产生能力的现象被命名为聚集导致活性氧产生（aggregation-induced generation of ROS，AIG-ROS）效应[22]。

8.3　高效聚集诱导发光光敏剂的一般设计策略

　　一般而言，提高系间窜越效率、增加三线态产率是设计高效光敏剂的常用策略[23, 24]。依据系间窜越速率公式［式（8-1）][25]，增加自旋-轨道耦合（spin-orbit coupling，SOC）是提高系间窜越效率的策略之一。由于核电荷效应，原子序数较大的原子有利于 S_1 和 T_1 之间产生强的自旋-轨道耦合[26]。通过共价连接或离子配对引入重原子（如 Br、I 和 Se 等）或者通过金属配位引入贵金属（如 Pt、Ir、Ru、Os、Re 和 Rh 等）是设计高效光敏剂分子最常用的传统方式[27, 28]。该策略同样也适用于高效 AIE 光敏剂的设计。然而由于重原子和金属离子通常对生物体具有较大的暗毒性，基于重原子效应和金属络合策略开发高性能 AIE 光敏剂的发展较为缓慢。

$$K_{ISC} \propto \frac{\left\langle T_1 \left| H_{SO} \right| S_1 \right\rangle^2}{\Delta E_{ST}} \tag{8-1}$$

式中，K_{ISC} 表示系间窜越速率常数；H_{SO} 表示 SOC 哈密顿量；$\left\langle T_1 \left| H_{SO} \right| S_1 \right\rangle$ 表示 SOC 矩阵元；ΔE_{ST} 表示 S_1 和 T_1 之间的能级差。

　　近年来，研究者将目光更多地投向通过降低 ΔE_{ST} 来提高系间窜越速率的策略。将 AIE 分子设计成具有典型电子给体（D）和电子受体（A）结构，实现最高占据分子轨道（HOMO）和最低未占分子轨道（LUMO）之间的有效分离是降低 ΔE_{ST}、提高系间窜越速率的有效方法[24, 25]。自 2014 年第一例 D-A 型 AIE 光敏剂被报道以来，迄今不同激发和发射波长（涵盖紫外可见到近红外区域）的 D-A

型 AIE 光敏剂已被相继开发用于成像指导的光动力治疗[29]。此外，D-A 型 AIE 光敏剂还有利于吸收和发射波长的红移，便于生物体内诊疗的应用[30]。为了进一步提高 AIE 光敏剂的活性氧产生效率，深入的研究工作表明，增加电子给体和电子受体之间的距离或扭曲程度有利于 HOMO-LUMO 分离，提高系间窜越速率[13, 31]。最近研究发现，引入多个电子给体或电子受体到 AIE 分子骨架能够进一步提高其光敏性能[32, 33]。另外，将 AIE 分子聚合成聚合物是近些年发展起来的另一条用于制备高性能 AIE 光敏剂的策略。相比于单分子而言，AIE 聚合物除了具有增强的光捕获能力外，由聚合导致的多重能级水平的存在还能够拓宽能带、降低 ΔE_{ST} 并为系间窜越提供更多的跃迁通道[34]。

目前，在以上策略的指导下，国内外各研究团队已经构建了结构多样的 AIE 光敏剂用于荧光成像指导的光动力治疗（图 8-4）[31, 35-45]。这些分子的开发成功地将 AIE 分子的应用范围从单一的生物成像拓展到了疾病诊疗领域。

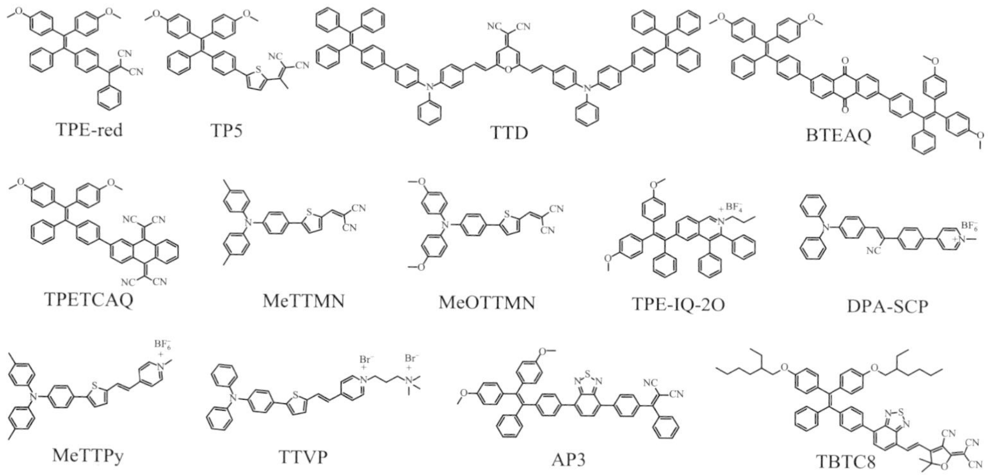

图 8-4　国内外各研究团队报道的用于荧光成像指导的光动力治疗的 **AIE** 分子示例

8.4　聚集诱导发光光敏剂在光动力治疗中的应用

8.4.1　基于聚集诱导发光光敏剂的分子探针

高效的光动力治疗需要精确的光敏剂定位。线粒体作为真核细胞的"能量工厂"对于细胞的生长和增殖具有重要意义，线粒体靶向光敏剂的设计能够显著提高光动力治疗效果。由于线粒体内膜两侧存在一定的电势差，线粒体表现出负的膜电位，因此带有适量正电荷的 AIE 探针能够在静电作用的驱动下选择性地在线粒体富集，并在线粒体原位产生活性氧，发挥光动力治疗作用。此外，由于肿瘤细胞的线粒体膜电位（−180 mV）高于正常细胞，这种差异还可以用于区分癌细胞和正常细胞，有助于实现癌细胞靶向的光动力治疗[46]。例如，唐本忠等制备的正电性的 AIE 光敏剂 TPE-IQ-2O 可以通过静电作用选择性地在癌细胞中聚集并点亮癌细胞的线粒体，在光照条件下，发挥线粒体光动力治疗作用[40]。此外，该课题组还报道了一类自报告型 AIE 光诊疗剂 TPE-4EP$^+$，在光动力诱导癌细胞死亡后，TPE-4EP$^+$可以从线粒体转移到细胞核，指示治疗终点，有助于提高治疗的精准性，避免过度治疗[47]。随后，该课题组又报道了一系列可用于线粒体靶向的双光子成像引导光动力治疗的 AIE 诊疗剂[15, 46]。

　　除了线粒体，研究者还设计出了靶向细胞膜、脂滴等细胞器的 AIE 诊疗剂，它们通过在光照条件下产生活性氧诱导细胞坏死/凋亡，实现癌细胞的高效光动力杀伤[15, 48]。最近，唐本忠等开发了一类 Ⅰ 型 AIE 光敏剂（α-TPA-PIO 和 β-TPA-PIO）用于内质网应激介导的光动力治疗[49]。由于氧化磷杂（PIO）的 π 电子体系具有吸引和稳定外部电子的能力，β-TPA-PIO 在溶液中和细胞内都具有高效的 Ⅰ 型活性氧生成能力。理论计算结果表明，β-TPA-PIO 分子高效的系间窜越效率和亲电子能力分别为其 Ⅰ 型活性氧生成提供了光物理和光化学基础。细胞和动物实验结果表明，α-TPA-PIO 和 β-TPA-PIO 可选择性地对细胞中以内质网为主的中性脂质区域进行标记，并能在光照条件下有效地诱导内质网应激介导的细胞凋亡和自噬，从而成功地实现对小鼠皮下肿瘤的光动力治疗。

　　除了线粒体膜电位的不同，一些蛋白也会在癌细胞或肿瘤组织过度表达，包括酶类［组织蛋白酶 B、基质金属蛋白酶（MMP）、碱性磷酸酶（ALP）、透明质酸酶］和非酶类［叶酸受体（FR）、转铁蛋白受体（TfR）、生物素受体（BR）、$\alpha_v\beta_3$整合蛋白、血管内皮生长因子受体（VEGFR）］等[50]。基于这些生物标志物，研究者设计了一系列肿瘤靶向的 AIE 诊疗分子探针，如 Liu 等[51]通过将 TfR 靶向肽 T7 与 AIE 光敏剂共价连接制备了癌细胞靶向的 AIE 诊疗体系 TPETH-T7，实现了对 TfR 过表达的癌细胞的选择性成像和光动力治疗。此外，该课题组又利用组织蛋白酶 B 和 $\alpha_v\beta_3$ 整合蛋白的特性，设计并合成了一种双靶向酶响应性的生物探针[20]，该探针由用于成像和光动力治疗的 AIE 光敏剂 TPECM、组织蛋白酶 B 响应性 GFLG 肽、$\alpha_v\beta_3$ 靶向肽 cRGD 和亲水单元组成，可实现癌细胞的"点亮型"荧光检测和高效的光动力治疗。

　　另外，谷胱甘肽（GSH）和活性氧物种如 H_2O_2、$^\bullet OH$、$^\bullet O^{2-}$、$^1O_2$、HOCl、$ONOO^-$ 等也会在肿瘤组织中高表达，这类生物标志物同样推动了肿瘤靶向型 AIE 诊疗试剂的发展[50]。基于 GSH 的还原性，Liu 等设计了一个激活型 AIE 前药 TPECB-Pt-D5-cRGD，该探针由 AIE 光敏剂 TPECB、化疗药物顺铂 Pt（Ⅳ）、肿瘤细胞靶向肽 cRGD 和亲水单元组成[52]。在 cRGD 的靶向作用下，TPECB-Pt-D5-cRGD 可选择性富集在 $\alpha_v\beta_3$ 过表达的肿瘤细胞内。随后，在 GSH 的激活下，化疗药物顺铂和 AIE 分子被释放，疏水性的 AIE 分子在肿瘤细胞聚集，实现肿瘤细胞点亮成像以及光敏剂活化的实时监测，并显著促进活性氧的产生，实现对顺铂耐药的癌细胞的化疗-光动力联合治疗，提高治疗效果。此外，该课题组还报道了一类 $^1O_2$ 响应的 AIE 诊疗体系 TPETP-AA-Rho-cRGD，实现了光动力治疗期间活性氧的原位检测[53]。

8.4.2 基于聚集诱导发光光敏剂的纳米颗粒

AIE 分子的天然特性赋予其在聚集态下优异的光学性质和光敏性能，结合纳米递送系统的广泛优势，基于 AIE 光敏剂的纳米颗粒为荧光成像指导的光动力治疗提供了可靠的平台。AIE 光敏剂被制备成纳米颗粒后，在血液中的循环时间可大大延长，同时借助纳米颗粒在肿瘤的高渗透长滞留（EPR）效应，光敏剂在肿瘤上的富集显著增加，对于提高肿瘤治疗效果、降低对正常组织的毒副作用具有显著意义。

为制备水溶性好、生物相容性高的 AIE 诊疗纳米颗粒，研究者引入两亲性高分子聚合物（如 DSPE-PEG、普朗尼克 F127、PLGA-PEG 等）作为包封基质，制备了一系列 AIE 诊疗纳米颗粒[15, 17, 54]。Liu 等用 DSPE-PEG-Mal 作为基质包裹 AIE 光敏剂 TPETCAQ 得到 AIE 纳米颗粒，为提高 AIE 纳米颗粒的细胞内化效率，该研究组在此纳米颗粒表面修饰了细胞膜穿透肽（HIV-1 Tat），以提高光动力治疗效果。结果表明，基于 EPR 效应和较强的细胞膜穿透性，所制备的 TPETCAQ 纳米颗粒能够在肿瘤部位高效富集，同时能够发挥荧光成像指导的光动力治疗作用，显著减小荷瘤小鼠的肿瘤体积[38]。

为进一步提高纳米颗粒的肿瘤靶向性，降低对正常组织的潜在毒性，研究者通过在 AIE 纳米颗粒表面修饰肿瘤靶向基团，如生物素、叶酸、cRGD 等，实现对相关肿瘤的选择性成像和光动力杀伤[15, 54]。例如，唐本忠等基于 AIE 光敏剂 TTD 制备出红光发射的 AIE 纳米颗粒，并在其表面修饰 cRGD 靶向肽合成出 T-TTD 纳米颗粒，其粒径约为 30 nm，具有优异的光学特性和活性氧产率，在适当波长光的激发下，T-TTD 纳米颗粒能够在胆管癌小鼠模型中对肿瘤实现靶向成像，并在光照条件下产生活性氧从而诱导肿瘤细胞凋亡，实现荧光成像指导的光动力治疗[55]。

包封基质在提高 AIE 纳米颗粒的光动力治疗效果方面也发挥了重要作用。早在 2016 年，研究者就发现一些 AIE 光敏剂在受到物理包封后表现出更高的荧光亮度和活性氧产生能力[56]。然而，二氧化硅紧密包裹的 AIE 纳米颗粒虽然提高了量子产率，但由于氧气隔绝而导致单线态氧的产生能力几乎为零[37]。因此，设计优良的包裹基质，优化 AIE 分子的荧光性质和活性氧产生能力对于提高光动力治疗效果意义重大。例如，Ding 等将心环烯与聚乙二醇相连接，设计出新型包封基质 Cor-PEG。与 DSPE-PEG 包封的 DSPE-NPs 相比，Cor-PEG 包封的 Cor-NPs 表现出更高的荧光亮度（4 倍）和活性氧产生效率（5.4 倍）[57]。这是因为 Cor-PEG 包裹的纳米颗粒内部具有比 DSPE-NPs 更加刚性的微环境，该环境限制了纳米颗粒内 AIE 光敏剂（TPP-TPA）的分子运动，高度抑制了其通过热耗散方式衰变能量，从而为荧光途径和系间窜越过程贮留了更多的能量。

随着对活性氧产生机理的深入理解，研究者设计并开发出多种新型 AIE 光敏剂，用以提高 AIE 纳米颗粒的光动力治疗效果。例如，通过增强电子推拉效应以及降低分子的 ΔE_{ST}，Wu 等设计并合成了 AIE 分子 TBDT，用 DSPE-PEG 作为基质包裹制备得到 TBDT NPs。结果表明，TBDT NPs 的荧光亮度和活性氧产生效率分别是传统光敏剂 Ce6 的 10 倍和 3 倍，且 TBDT NPs 能够有效抑制肿瘤的生长并减小肿瘤体积[54]。长波长发射的 AIE 光敏剂可以进一步提高 AIE 分子在实际应用中的光动力治疗效果。因此，该课题组又报道了具有近红外发射（>800 nm）和较高摩尔吸光系数的 AIE 光敏剂 TBTC8 用于荧光成像指导的光动力治疗，并在小鼠模型上取得了较好的抑瘤效果[45]。此外，设计合成近红外吸收/发射、双光子/三光子激发的 AIE 光敏剂，或将 AIE 光敏剂与上转换材料/化学发光体系联合将大大提高深层组织定位肿瘤的诊疗效果[15]。

8.4.3　基于聚集诱导发光光敏剂的联合治疗

光动力治疗还能进一步与化疗、基因治疗、光热治疗等方案联合用于癌症诊疗[16]，不仅可以使治疗达到最佳效果，而且可以使副作用最小化。例如，Xia 等[58]将 AIE 光敏剂与化疗药物紫杉醇联合，通过荧光成像指导的光动力-化疗联合治疗实现了明显优于单一治疗模态的协同杀伤效应。此外，高浓度 GSH 响应性解组装纳米载体的设计，实现了紫杉醇和 AIE 光敏剂的胞内快速释放，分别靶向微管和线粒体，进一步提高了治疗效果。除了联合化疗，Wang 等[59]报道了 AIE 光敏剂修饰的聚多巴胺纳米颗粒（PMTi），利用聚多巴胺纳米粒子的高效光热转换能力实现增强的光动力-光热协同治疗。光热治疗不仅能够通过光激活的热效应诱导肿瘤细胞产生不可逆的死亡，并且产生的热能够提升肿瘤组织的血液流动速度、增加肿瘤部位的氧气灌输能力，进而提高光敏剂分子的活性氧产生性能。体内外研究结果表明，在白光和近红外激光同时照射下，PMTi 表现出较低的抗癌半抑制浓度（IC_{50}）值和显著的肿瘤生长抑制效果。2016 年，Li 等[60]采用 DSPE-PEG 负载 AIE 光敏剂 TTD 并在纳米粒子表面通过 GSH 响应的二硫键修饰小干扰 RNA （siVEGF），使得 AIE 纳米颗粒具有 siRNA 递送能力，实现 RNA 干扰-光动力联合治疗。此外，二硫键的引入使得 siVEGF 能够从内化入胞的纳米颗粒表面释放以进一步提高对 GSH 过表达的 MDA-MB-231 细胞的整体杀伤效率。细胞活性研究显示，siVEGF-TTD 纳米颗粒可特异性高效杀死 MDA-MB-231 细胞，表现出 RNA 干扰和光动力协同治疗效应。

8.5 展望

  AIE 材料在光动力治疗领域的应用已取得了突破性进展，但要实现其长足的发展，仍存在一些需要解决的问题和挑战。一方面，目前开发的 AIE 光敏剂的激发波长仍然较短，严重限制了其体内应用，具有长波长吸收和发射，甚至双光子/多光子吸收的 AIE 光敏剂有待进一步开发；另一方面，基于 AIE 分子的多模态诊断和联合治疗目前尚处于起步阶段，光动力治疗需要与其他治疗模式更加全面地联合，为疾病提供更精准的检测诊断和更有效的治疗。此外，目前 AIE 光敏剂在光动力治疗中的应用仅限于动物和临床前研究，作为一类新型材料，AIE 材料的生物安全性是其临床转化过程中需要注意的关键性问题，其在体内的生物分布、药代动力学、长期毒性和体内清除速率等相关研究有待进一步深入。有理由相信，随着这一领域的快速发展，在多学科多领域科学家的共同努力下，AIE 材料的临床转化指日可待！

参 考 文 献

[1] Celli J P, Spring B Q, Rizvi I, et al. Imaging and photodynamic therapy: Mechanisms, monitoring, and optimization. Chemical Reviews, 2010, 110 (5): 2795-2838.

[2] Agostinis P, Berg K, Cengel K A, et al. Photodynamic therapy of cancer: An update. CA-Cancer Journal for Clinicians, 2011, 61 (4): 250-281.

[3] Li X, Lee S, Yoon J. Supramolecular photosensitizers rejuvenate photodynamic therapy. Chemical Society Reviews, 2018, 47 (4): 1174-1188.

[4] Dolmans D E, Fukumura D, Jain R K. Photodynamic therapy for cancer. Nature Reviews Cancer, 2003, 3 (5): 380-387.

[5] Castano A P, Mroz P, Hamblin M R. Photodynamic therapy and anti-tumour immunity. Nature Reviews Cancer, 2006, 6 (7): 535-545.

[6] Plaetzer K, Krammer B, Berlanda J, et al. Photophysics and photochemistry of photodynamic therapy: Fundamental aspects. Lasers in Medical Science, 2009, 24 (2): 259-268.

[7] Baptista M S, Cadet J, Di Mascio P, et al. Type I and type II photosensitized oxidation reactions: Guidelines and mechanistic pathways. Photochemistry and Photobiology, 2017, 93 (4): 912-919.

[8] Henderson B W, Dougherty T J. How does photodynamic therapy work? Photochemistry and Photobiology,

1992，55（1）：145-157.

[9]　Ogilby P R. Singlet oxygen：There is indeed something new under the sun. Chemical Society Reviews，2010，39（8）：3181-3209.

[10]　Jeong H G，Choi M S. Design and properties of porphyrin-based singlet oxygen generator. Israel Journal of Chemistry，2016，56（2）：110-118.

[11]　O'Connorl A E，William M G，Byrne A T. Porphyrin and nonporphyrin photosensitizers in oncology：Preclinical and clinical advances in photodynamic therapy. Photochemistry and Photobiology，2009，85（5）：1053-1074.

[12]　Heidi Abrahamse H，Hamblin M R. New photosensitizers for photodynamic therapy. Biochemical Journal，2016，473（4）：347-364.

[13]　Dąbrowski J M，Pucelik B，Regiel-Futyra A，et al. Engineering of relevant photodynamic processes through structural modifications of metallotetrapyrrolic photosensitizers. Coordination Chemistry Reviews，2016，325，67-101.

[14]　Park S Y，Baik H J，Oh Y T，et al. Smart polysaccharide/drug conjugate for photodynamic therapy. Angewandte Chemie International Edition，2011，50（7）：1644-1647.

[15]　Dai J，Wu X，Ding S，et al. Aggregation-induced emission photosensitizers：From molecular design to photodynamic therapy. Journal of Medicinal Chemistry，2020，63（5）：1996-2012.

[16]　Wang D，Lee M M S，Xu W H，et al. Theranostics Based on AIEgens. Theranostics，2018，8（18）：4925-4956.

[17]　Feng G，Liu B. Aggregation-induced emission（AIE）dots：Emerging theranostic nanolights. Accounts of Chemical Research，2018，51（6）：1404-1414.

[18]　Xu S，Yuan Y，Cai X，et al. Tuning the singlet-triplet energy gap：A unique approach to efficient photosensitizers with aggregation-induced emission（AIE）characteristics. Chemical Science，2015，6（10）：5824-5830.

[19]　Yang L，Wang X，Zhang G，et al. Aggregation-induced intersystem crossing：A novel strategy for efficient molecular phosphorescence. Nanoscale，2016，8（40）：17422-17426.

[20]　Yuan Y，Zhang C J，Gao M，et al. specific light-up bioprobe with aggregation-induced emission and activatable photoactivity for the targeted and image-guided photodynamic ablation of cancer cells. Angewandte Chemie International Edition，2015，54（6）：1780-1786.

[21]　Liu Z，Zou H，Zhao Z，et al. Tuning organelle specificity and photodynamic therapy efficiency by molecular function design. ACS Nano，2019，13（10）：11283-11293.

[22]　Zhao Z，Zhang H，Lam J W Y，et al. Aggregation-induced emission：New vistas at the aggregate level. Angewandte Chemie International Edition，2020，59（52）：9888-9907.

[23]　Zhang Z，Kang M，Tan H，et al. The fast-growing field of photo-driven theranostics based on aggregation-induced emission. Chemistry Society Reviews，2022，51：1983-2030.

[24]　Hu F，Xu S，Liu B. Photosensitizers with aggregation-induced emission：Materials and biomedical applications. Advanced Materials，2018，30（45）：1801350.

[25]　Zhao J，Wu W，Sun J，et al. Triplet photosensitizers：From molecular design to applications. Chemical Society Reviews，2013，42（12）：5323-5351.

[26]　Zhang L，Huang Z，Dai D，et al. Thio-bisnaphthalimides as heavy-atom free photosensitizers with efficient singlet oxygen generation and large stokes shifts：Synthesis and properties. Organic Letters，2016，18（21）：5664-5667.

[27]　Yogo T，Urano Y，Ishitsuka Y，et al. Highly efficient and photostable photosensitizer based on BODIPY chromophore. Journal of the American Chemical Society，2005，127（35）：12162-12163.

[28] Cekli S，Winkel R W，Alarousu E，et al. Triplet excited state properties in variable gap π-conjugated donor-acceptor-donor chromophores. Chemical Science，2016，7（6）：3621-3631.

[29] Hu F，Huang Y，Zhang G，et al. Targeted bioimaging and photodynamic therapy of cancer cells with an activatable red fluorescent bioprobe. Analytical Chemistry，2014，86（15）：7987-7995.

[30] Kang M，Zhou C，Wu S，et al. Evaluation of structure-function relationships of aggregation-induced emission luminogens for simultaneous dual applications of specific discrimination and efficient photodynamic killing of gram-positive bacteria. Journal of the American Chemical Society，2019，141（42）：16781-16789.

[31] Xu S，Wu W，Cai X，et al. Highly efficient photosensitizers with aggregation-induced emission characteristics obtained through precise molecular design. Chemical Communications，2017，53（62）：8727-8730.

[32] Zou J，Yin Z，Wang P，et al. Photosensitizer synergistic effects：D-A-D structured organic molecule with enhanced fluorescence and singlet oxygen quantum yield for photodynamic therapy. Chemical Science，2018，9（8）：2188-2194.

[33] Liu S，Zhang H，Li Y，et al. Strategies to enhance the photosensitization：Polymerization and the donor-acceptor even-odd effect. Angewandte Chemie International Edition，2018，57（46）：15189-15193.

[34] Wu W，Mao D，Xu S，et al. Polymerization-enhanced photosensitization. Chem，2018，4（8）：1937-1951.

[35] Ni J，Wang Y，Zhang H，et al. Aggregation-Induced Generation of Reactive Oxygen Species：Mechanism and Photosensitizer Construction. Molecules，2021，26（2）：268.

[36] Yuan Y，Feng G，Qin W，et al. Targeted and image-guided photodynamic cancer therapy based on organic nanoparticles with aggregation-induced emission characteristics. Chemical Communications，2014，50（63）：8757-8760.

[37] Feng G，Wu W，Xu S，et al. Far red/near-infrared AIE dots for image-guided photodynamic cancer cell ablation. ACS Applied Materials Interfaces，2016，8（33）：21193-21200.

[38] Wu W，Mao D，Hu F，et al. A highly efficient and photostable photosensitizer with near-infrared aggregation-induced emission for image-guided photodynamic anticancer therapy. Advanced Materials，2017，29（33）：1700548.

[39] Wang D，Su H，Kwok R T K，et al. Facile synthesis of red/NIR AIE luminogens with simple structures，bright emissions，and high photostabilities，and their applications for specific imaging of lipid droplets and image-guided photodynamic therapy. Advanced Functional Materials，2017，27（46）：1704039.

[40] Gui C，Zhao E，Kwok R T K，et al. AIE-active theranostic system：Selective staining and killing of cancer cells. Chemical Science，2017，8（3）：1822-1830.

[41] Yu C Y Y，Xu H，Ji S，et al. Mitochondrion-anchoring photosensitizer with aggregation-induced emission characteristics synergistically boosts the radiosensitivity of cancer cells to ionizing radiation. Advanced Materials，2017，29（15）：1606167.

[42] Wang D，Lee M M S，Shan G，et al. Highly efficient photosensitizers with far-red/near-infrared aggregation-induced emission for in vitro and in vivo cancer theranostics. Advanced Materials，2018，30（39）：1802105.

[43] Wang D，Su H，Kwok R T K，et al. Rational design of a water-soluble NIR AIEgen，and its applications for ultrafast wash-free cellular imaging and photodynamic cancer cell ablation. Chemical Science，2018，9（15）：3685-3693.

[44] Wu W，Mao D，Xu S，et al. High performance photosensitizers with aggregation-induced emission for

image-guided photodynamic anticancer therapy. Materials Horizons，2017，4（6）：1110-1114.

[45] Wu W，Mao D，Xu S，et al. Precise molecular engineering of photosensitizers with aggregation-induced emission over 800 nm for photodynamic therapy. Advanced Functional Materials，2019，29（42）：1901791.

[46] Yu K，Pan J，Husamelden E，et al. Aggregation-induced emission based fluorogens for mitochondria-targeted tumor imaging and theranostics. Chemistry-An Asian Journal，2020，15（23）：3942-3960.

[47] Zhang T F，Li Y Y，Zheng Z，et al. In-situ monitoring apoptosis process by a self-reporting photosensitizer. Journal of the American Chemical Society，2019，141（14）：5612-5616.

[48] Gao M，Tang B Z. AIE-based cancer theranostics. Coordination Chemical Reviews，2020，402：213076.

[49] Zhuang Z，Dai J，Yu M，et al. Type I photosensitizers based on phosphindole oxide for photodynamic therapy：Apoptosis and autophagy induced by endoplasmic reticulum stress. Chemical Science，2020，11（13）：3405-3417.

[50] Li X，Kim J，Yoon J，et al. Cancer-associated，stimuli-driven，turn on theranostics for multimodality imaging and therapy. Advanced Materials，2017，29（23）：1606857.

[51] Zhang R，Feng G，Zhang C J，et al. Real-time specific light-up sensing of transferrin receptor：Image-guided photodynamic ablation of cancer cells through controlled cytomembrane disintegration. Analytical Chemistry，2016，88（9）：4841-4848.

[52] Yuan Y，Zhang C J，Liu B. A platinum prodrug conjugated with a photosensitizer with aggregation-induced emission（AIE）characteristics for drug activation monitoring and combinatorial photodynamic-chemotherapy against cisplatin resistant cancer cells. Chemical Communications，2015，51（41）：8626-8629.

[53] Yuan Y，Zhang C J，Xu S，et al. A self-reporting AIE probe with a built-in singlet oxygen sensor for targeted photodynamic ablation of cancer cells. Chemical Science，2016，7（3）：1862-1866.

[54] Wu W B，Li Z. Nanoprobes with aggregation-induced emission for theranostics. Materials Chemistry Frontiers，2021，5（2）：603-626.

[55] Li M，Gao Y，Yuan Y，et al. One-step formulation of targeted aggregation-induced emission dots for image-guided photodynamic therapy of cholangiocarcinoma. ACS Nano，2017，11（4）：3922-3932.

[56] Wu W，Feng G，Xu S，et al. A photostable far-red/near-infrared conjugated polymer photosensitizer with aggregation-induced emission for image-guided cancer cell ablation. Macromolecules，2016，49（14）：5017-5025.

[57] Gu X，Zhang X，Ma H，et al. Corannulene incorporated AIE nanodots with highly suppressed nonradiative decay for boosted cancer phototheranostics in vivo. Advanced Materials，2018，30（26）：1801065.

[58] Yi X，Dai J，Han Y，et al. A high therapeutic efficacy of polymeric prodrug nano-assembly for a combination of photodynamic therapy and chemotherapy. Communications Biology，2018，1：202-214.

[59] Chen Y，Ai W，Guo X，et al. Mitochondria-targeted polydopamine nanocomposite with AIE photosensitizer for image-guided photodynamic and photothermal tumor ablation. Small，2019，15（30）：1902352.

[60] Jin G，Feng G，Qin W，et al. Multifunctional organic nanoparticles with aggregation-induced emission（AIE）characteristics for targeted photodynamic therapy and RNA interference therapy. Chemical Communications，2016，52（13），2752-2755.

源自天然草本植物的聚集诱导发光材料 及其生物成像和疾病治疗的应用

9.1 ▶ 引言

具有 AIE 性质的分子（AIEgen）在生物成像和疾病治疗的应用中表现优秀。有别于传统有机荧光材料，具有 AIE 性质的材料在稀溶液的状态下几乎不会发光，但是它们可在分子聚集、高浓度或结合目标分析物时发出明亮的荧光。AIE 发光材料的出现打破了传统聚集导致猝灭现象对荧光材料在生物成像和疾病治疗方面的应用限制。AIE 特性不但允许其分子在不同浓度下成为高信噪比的生物成像探针，而且在成像中不容易发生光漂白现象，使其可用于特定生物对象的长期追踪。此外，AIE 材料能更有效地进行可视化药物治疗和光学治疗。近年来，AIE 材料在生物成像及疾病治疗应用方面屡创佳绩，而几乎所有相关研究的 AIE 材料都是通过有机合成方式获得的。然而，人工合成途径存在成本高、周期长、潜在污染大和生物毒性等问题，这限制了 AIE 材料在生物医学等领域的应用。因此，在 AIE 材料的生物应用的发展道路上，采用生物兼容性好、成本低且易大量获取的材料将成为一个趋势。

9.2 ▶ 天然聚集诱导发光分子

盐酸黄连素（berberine chloride，BBR）是一种水溶性分子，主要存在于小檗属和黄连属植物中，有抗菌、止泻和消炎等效果。唐本忠课题组发现 BBR 具有 AIE 特性，它于水溶状态时几乎不会发光，但是当处于不良溶剂（如四氢呋喃和丙酮）中时，BBR 会形成聚集体并发出明亮的黄绿色荧光（图 9-1）[1]。结果显示当四氢呋喃和水的比例从 0% 增加到 99%，BBR 的荧光强度有 35 倍的增强，并且 BBR 的粉末和晶体量子产率分别达到 12% 和 15%，证明了 BBR 的 AIE 特性。

单晶结构分析指出 BBR 的 AIE 现象归因于分子内振动受限（RIV）的机制，水溶状态下，BBR 活跃的分子内振动导致非辐射失活，在聚集状态下，分子之间的距离变近使得分子内的振动受到限制，这阻碍了非辐射失活路径，同时促进辐射跃迁路径，使得 BBR 聚集体发出强荧光。BBR 的 AIE 特性也在不同黏度和不同温度的情况体现出来。甘油能增强混合物的黏度，当将甘油添加到 BBR 的乙二醇溶液中，由于抑制分子振动，BBR 的荧光强度亦随之增强。同时，通过降低水溶液的温度来冻结分子运动时，BBR 的荧光强度也显示出急剧的增强。此外，BBR 可以通过静电相互作用与 DNA 结合来抑制分子内振动，从而发出荧光。这些结果表明分子内振动受限是 BBR 具有 AIE 特性的关键。

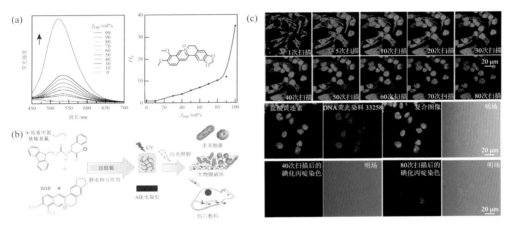

图 9-1　（a）天然水溶性 AIEgen 盐酸黄连素（BBR）的 AIE 性质和化学结构；（b）BBR 作为光动力杀菌剂作用的示意图；（c）光诱导下 BBR 在癌细胞中的染色位置变化情况

　　BBR 的水溶性在生物成像中具有极大的优势。细胞成像表明 BBR 在低浓度时靶向脂滴；而当使用浓度大于 20 μmol/L 时可以清楚地观察到 BBR 靶向线粒体[2]，与一种红色线粒体染料 MitoTracker Red 的共定位系数高达 91%。由于 BBR 的结构中含有正电荷，因此其线粒体靶向能力可归因于 BBR 的正电荷与线粒体膜电位的负电荷之间的静电相互作用。尤其是 BBR 的亲水性和 AIE 特性免除了细胞染色程序中烦琐的洗涤步骤，同时展现出高信噪比的细胞成像。

　　通过共聚焦激光扫描显微镜成像观察发现，BBR 能够靶向癌细胞（包括 HeLa、HepG2 和 A431）的线粒体，且具有高信噪比。对于 COS-7、HLF 和 NCM460 等正常细胞系，其线粒体膜电位比癌细胞低，与 BBR 的静电吸附能力较弱，因此几乎看不到 BBR 的荧光发射，这种差异可用于区别癌细胞和正常细胞。通过长期细胞追踪实验，对 BBR 靶向的癌细胞进行连续光照，成像结果显示 BBR 从线粒体迁移到细胞核的过程。与商用细胞核探针 Hoechst 33258 进行共染证实光照后 BBR 最终会进入细胞核。这主要源于原位产生的活性氧会引起线粒体损害，从而破坏线粒体膜电位，导致 BBR 与线粒体解离。弱化的细胞状态导致核膜选择性功能的丧失，因此正电荷的 BBR 倾向于通过静电相互作用与负电性的 DNA 和 RNA 结合。随后采用羰基氰化物间氯苯腙（CCCP）和过氧化氢（H_2O_2）处理的癌细胞来验证以上提出的 BBR 迁移靶向机制。CCCP 可抑制 HeLa 细胞的氧化磷酸化并改变其线粒体膜电位。研究发现 BBR 可以直接靶向 CCCP 处理过的 HeLa 细胞的细胞核，这是由于 CCCP 处理后的线粒体与 BBR 之间的静电吸引降低。另外，低浓度 H_2O_2 可以通过线粒体膜电位的改变来启动细胞的早期凋亡，对 H_2O_2 预处理的癌细胞染色也观察到 BBR 直接靶向细胞核。以上实验结果表明 BBR 可以用于监测癌细胞的健康状态。

此外，ROS 荧光指示剂测试证明了 BBR 在白光灯的照射下具有优异的 ROS 产生能力，可用作荧光引导的光动力治疗（photodynamic therapy，PDT）。另外，MTT 结果显示 BBR 几乎不会对非癌细胞产生毒性。除了用于对癌细胞的成像与杀伤外，BBR 还可用于对细菌进行成像和 PDT。实验结果显示 BBR 可用于革兰氏阳性金黄色葡萄球菌的染色，而部分革兰氏阴性大肠杆菌也可以被 BBR 标记。由于革兰氏阴性菌的膜层结构比革兰氏阳性菌的膜层结构复杂，因此革兰氏阴性菌会有效阻止 BBR 的进入。细菌平板计数显示，在白光照射下，被 BBR 靶向的细菌存活率显著降低至约 10%。扫描电子显微镜（scanning electron microscope，SEM）观察结果证实光动力治疗后细菌形态发生明显变化。BBR 的光动力抗菌效果进一步在感染金黄色葡萄球菌的小鼠伤口模型中得到验证，结果显示未经治疗和仅经 BBR 治疗的小鼠在第 1 天均表现出一定程度的感染，并且前者表现出比后者严重的脓毒症，在第 3 天和第 7 天，两组仍可以清楚地观察到伤口感染。但 BBR 光疗组在治疗后的第 1、第 3 和第 7 天几乎没有表现出任何感染，并且伤口愈合良好，证明了 BBR 优异的光动力抗菌性能。

有研究发现 BBR 能靶向并消灭生物膜内的细菌[3]。该研究通过 Fmoc-F 和 BBR 的自组装过程，设计了具有 AIE 特性的生物兼容性杂化水凝胶，然后证明其在白光照射下表现出广谱的抗菌和抗生物膜活性。分子间的静电相互作用和 π-π 堆积使得 BBR 聚集，从而生成 AIE 纳米颗粒，并分散在整个氨基酸纳米纤维水凝胶中。在白光照射下，Fmoc-F/BBR 水凝胶对金黄色葡萄球菌和大肠杆菌均表现出强大的抗菌能力。

槲皮素（quercetin，QC）可以从槐花中获得。Chen 等发现，使用碱水溶液萃取的芦丁经过分离纯化后，在酸性条件水解可得到 QC（图 9-2）[4]。当 QC 溶解在良性溶剂四氢呋喃中时，可同时观察到烯醇和酮的发射，但酮的发射比烯醇发射弱。随着不良溶剂与水的比例增加，酮的荧光发射峰增加，而烯醇的荧光发射峰随之降低。这证明 QC 同时具有 AIE 和激发态分子内质子转移（ESIPT）特性。QC 的酮的发射可以归因于 AIE 现象，因此酮的发射在这里被称为 AIE 荧光。在四氢呋喃/水（2/8，*v/v*）的混合溶液中，QC 的量子产率、辐射常数和非辐射常数分别为 10.3%、0.07 μs^{-1} 和 0.006 μs^{-1}。而 AIE 荧光的斯托克斯位移高达 170 nm。另外，QC 的 AIE 特性也能从温度的变化中看出。研究发现，在四氢呋喃/水（8/2，*v/v*）的混合体系中，温度由 0℃上升到 37℃时，AIE 荧光便逐渐减弱，当温度上升至 60℃时，AIE 荧光几乎消失，与此同时烯醇的荧光急剧增加。在低温下，QC 的芳环旋转受到了限制，从而抑制了非辐射跃迁，因此辐射跃迁增加、荧光增强。然而，当温度上升时，芳环旋转增加，非辐射跃迁增强，因此 AIE 荧光随之降低。

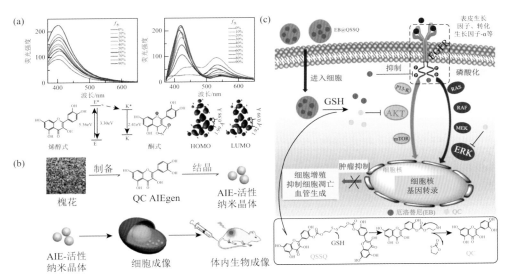

图 9-2　（a）天然 ESPIT 型 AIEgen 槲皮素的化学结构及其 AIE 和 ESIPT 性质；（b）QC 用于生物成像的示意图；（c）QC 自组装纳米药物用于靶向和调节表皮生长因子受体信号通路来抑制肿瘤生长的示意图

研究发现经 100 min 光连续照射后，QC 的荧光强度没有降低，光稳定性明显优于商业化探针 DAPI，有利于进行长期的荧光成像示踪。此外，MTT 实验表明所制备的 QC 纳米晶体在高达 800 μg/mL 浓度下仍具有出色的生物兼容性，L929 成纤维细胞可以保持 95%以上的细胞存活率。共聚焦荧光成像显示 QC 纳米晶体在与细胞孵育 1 h 后被细胞摄取进入细胞质中。进一步的小鼠活体成像发现经注射 QC 纳米晶体 10 min 后，小鼠的头部出现荧光信号，2 h 后小鼠不同器官也开始出现荧光信号，表明 QC 在小鼠体内实现循环，显示出 QC 可作活体荧光成像探针。

另外，Wu 和 Zeng 等也使用 QC 作为 AIE 生物成像探针。他们研究证明 QC 能参与由二硫键连接的槲皮素（QSSQ）和抗肿瘤药厄洛替尼（erlotinib，EB）形成的表皮生长因子受体（epidermal growth factor receptor，EGFR）靶向抗肿瘤纳米药（EB@QSSQ）[5]。QSSQ 能自组装成纳米颗粒并封装 EB。肿瘤组织中过表达的 GSH 会切断 QSSQ 中的二硫键，然后触发一系列反应，从而破坏纳米结构并释放 QC 和 EB。从纳米颗粒中释放出来后，EB 和 QC 均充当活性药物，同时靶向 EGFR 信号通路并分别阻断上游和下游磷酸化的通路，从而以更有效的方式抑制肿瘤细胞的增殖和存活。同时，释放 QC 的 AIE 荧光特性亦可作为肿瘤部位成像探针。在向荷瘤小鼠进行 EB@QSSQ 静脉注射后，由于 EPR 效应，纳米前药优先富集于肿瘤中，而释放的 QC 所产生的增强荧光能用于监测肿瘤部位的药物释放情况。继续研究发现，与单独使用 EB 或 QC 用于肿瘤治疗相比，同时使用含有这两种抗癌药的纳米 EB@QSSQ 能更有效地抑制肿瘤的生长。另外，通过分析抗癌药治疗后的小鼠体重变化，发现除了 QC 组外，其他小鼠组在治疗过程中体重略有增长，这表明该纳米药物具有较好的生物兼容性。

Shi 和 Guo 等从白花蛇舌草中纯化分离出了金丝桃苷（quercetin-3-O-β-galactoside）[6]。在 β-半乳糖苷酶存在下，金丝桃苷的 β-半乳糖苷残基能被有效裂解，然后释放 QC，并在聚集下发出明亮荧光。由于金丝桃苷 C 环中的 OH 基团被 β-半乳糖苷取代，因此结构并不存在 ESIPT 现象。相反，QC 具有 AIE 和 ESIPT 特性，其聚集能显著增加酮的发射，因此能对活细胞中的 β-半乳糖苷酶进行实时及长期成像追踪。

近年，除了对 BBR 和 QC 这两个天然生成的 AIE 分子的详细研究外，Cui 研究组也发现了两种源自天然植物的 AIE 分子，分别是盐酸巴马汀（palmatine chloride，PA）和核黄素（riboflavin，vitamin B₂，Rf）[7]。PA 是可从黄藤所属科植物的茎和根中提取的生物碱，它可以抑制多种革兰氏阳性细菌和革兰氏阴性细菌的生长，并可以增强吞噬白细胞的功能。PA 也可被用于治疗上呼吸道感染、扁桃体炎、肠炎、痢疾、泌尿系统感染、外科和妇科细菌感染性疾病。在这项研究中，PA 被发现是具有 RIV 特性的 AIE 分子。PA 是一种水溶性分子，它不溶于四氢呋喃，通过测量其在不同比例水：四氢呋喃溶液中的光致发光光谱证实了其 AIE 特性。此外，PA 表现出优异的细胞成像荧光特性。这项工作也证明了 PA 的生物兼容性，并提供了另一个可用作生物成像及应用的天然 AIE 探针分子。

另外，Cui 等发现 Rf 可作为新型的天然 AIE 分子[8]。它是两个辅因子黄素腺嘌呤二核苷酸（FAD）和黄素单核苷酸（FMN）的基础，广泛存在于蔬菜、豆类、牛奶和鸡蛋等天然材料中，是人体所需营养之一。通过紫外-可见吸收光谱和 PL 光谱测试 Rf 在不同比例良性溶剂和不良溶剂中的荧光变化，得出当 Rf 处于良溶剂时几乎不会发光，但当处于高比例的不良溶剂时便能发出明亮荧光，且 Rf 的荧光强度也随其浓度增加而增强。研究结果发现 Rf 同时具有 AIE 和 ESIPT 特性，且具有较高的生物相容性。这项研究工作有望将 Rf 应用于更多的生物成像应用中。

除了 PA 和 Rf 外，还有研究发现存在于许多水果、蔬菜和药材中的杨梅黄酮（myricetin）也属天然 AIE 分子[9]。这项工作从研究杨梅黄酮在不同比例良性溶剂和不良溶剂以及不同温度下的荧光变化中可发现其 AIE 特性。另外，研究考察了杨梅黄酮对不同 ROS 的荧光响应特性，发现只有超氧化物能使其荧光增强，因此其可作为细胞内的超氧化物荧光探针，为细胞 ROS 检测提供一个更有优势的选择。这些工作进一步证实了与人工合成的 AIE 分子相比，源自天然植物的 AIE 分子具有优异的细胞成像能力和良好的生物兼容性，具有巨大的应用前景。

自然界里，天然植物中存在很多具有荧光特性的化合物，这些天然产物能用于不同疾病的治疗。其中，姜黄素被广泛用于选择性地靶向 β 淀粉样蛋白和抑制β 淀粉样蛋白纤维的生长研究，是潜在有效缓解阿尔茨海默病症状的分子。可是，大多数姜黄素衍生物都具有 ACQ 特性，聚集态下展现出较低的成像信噪比。受姜黄素本身的药理效用启发，作者研究组开发了一种基于姜黄素的多功能 AIE 活性探针 Cur-N-BF$_2$，其表现出 AIE 特性，并可用于检测 β 淀粉样蛋白纤维和斑块，抑制 β 淀粉样蛋白纤维形成，同时能把纤维分解及有效保护神经元细胞免受 β 淀粉样蛋白纤维损伤[10]。与市场销售的 β 淀粉样蛋白探针相比，具有 AIE 活性的 Cur-N-BF$_2$ 易于制备，显示出高选择性和高信噪比的 β 淀粉样蛋白斑块成像。Cur-N-BF$_2$ 由于其出色的神经细胞保护能力也进一步有望成为阿尔茨海默病的潜在治疗药物（图 9-3）。

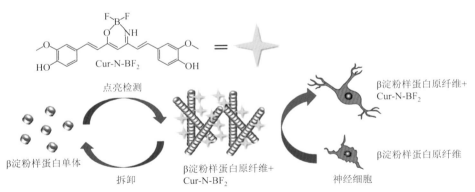

图 9-3　分子设计灵感来自姜黄素的 AIE 活性探针 Cur-N-BF$_2$ 用于点亮检测 β 淀粉样蛋白纤维和斑块，抑制 β 淀粉样蛋白纤维组成，以及分解 β 淀粉样蛋白纤维和保护神经元细胞

9.3 ▶ 本章小结

AIE 分子在生物成像和疾病治疗研究中取得了丰硕的成果。与人工合成的 AIE 材料相比，取自天然产物的 AIE 材料具有制备成本低、来源丰富以及生物兼容性

好等特点。源自天然草本植物的 AIE 荧光材料具备了作为新一代 AIE 生物成像探针和疾病治疗应用的先决条件，并且为未来 AIE 发展开拓了一个新的领域。从近年报道的研究成果可看出天然 AIE 材料在生物成像及应用中的优势及潜在价值，但其发展仍面临一些挑战：①有待进一步研究和发展较长发射波长的天然 AIE 材料。红光或近红外发射的荧光材料不但穿透深度高，而且自发荧光背景弱、对生物组织造成的光损害小，在生物成像中会有更优异的表现。②资源丰富的天然草本植物当中有不少天然化合物，它们过往一直在亚洲地区被沿用为中草药或保健食品，但其药用价值却未被深入了解和研究。它们的 AIE 特性也可以用于可视化的成像研究，有助于了解其作用机制，发现新靶点，同时，AIE 特性可以增加这些天然化合物的疾病治疗成效。因此，应当重点研究这些天然 AIE 材料自身的药用价值。③天然材料具有较好的生物相容性，解决了人工合成 AIE 材料生物安全性的问题，并有望进一步应用于临床研究中。

参 考 文 献

[1] Gu Y, Zhao Z, Su H, et al. Exploration of biocompatible AIEgens from natural resources. Chemical Science, 2018, 9: 6497-6502.

[2] Lee M M S, Zheng L, Yu B, et al. A highly efficient and AIE-active theranostic agent from natural herbs. Materials Chemistry Frontier, 2019, 3: 1454-1461.

[3] Xie Y Y, Zhang Y W, Liu X Z, et al. Aggregation-induced emission-active amino acid/berberine hydrogels with enhanced photodynamic antibacterial and anti-biofilm activity. Chemical Engineering Journal, 2021, 413: 127542.

[4] He T, Niu N, Chen Z, et al. Novel quercetin aggregation-induced emission luminogen (AIEgen) with excited-state intramolecular proton transfer for in vivo bioimaging. Advanced Functional Materials, 2018, 28: 1706196.

[5] Li B, Xie X, Chen Z, et al. Tumor inhibition achieved by targeting and regulating multiple key elements in EGFR signaling pathway using a self-assembled nanoprodrug. Advanced Functional Materials, 2018, 28: 1800692.

[6] Long R, Tang C, Yang Z, et al. A natural hyperoside based novel light-up fluorescent probe with AIE and ESIPT characteristics for on-site and long-term imaging of b-galactosidase in living cells. Journal of Materials Chemistry C, 2020, 8: 11860-11865.

[7] Xu L, Liang X, Zhang S, et al. Riboflavin: A natural aggregation-induced emission luminogen (AIEgen) with excited-state proton transfer process for bioimaging. Dyes and Pigments, 2020, 182: 108642.

[8] Xu L, Zhang S, Liang X, et al. Novel biocompatible AIEgen from natural resources: Palmatine and its bioimaging application. Dyes and Pigments, 2021, 184: 108860.

[9] Long R, Tang C, Xu J, et al. Novel natural myricetin with AIE and ESIPT characteristics for selective detection and imaging of superoxide anions in vitro and in vivo. Chemical Communications, 2019, 55: 10912-10915.

[10] Yang Y, Li S, Zhang Q, et al. An AIE-active theranostic probe for light-up detection of Ab aggregates and protection of neuronal cells. Journal of Materials Chemistry B, 2019, 7: 2434-2441.

第 *10* 章

>>

聚集诱导发光材料在生物成像领域的应用

10.1 引言

在生物医学领域，探索生物分子的结构，揭示其发挥作用的内在机制与过程非常重要，如何将这些内在过程"可视化"是一项非常具有挑战性的工作。荧光成像技术具有操作简单、背景噪声低、灵敏度高、时空分辨率高以及非侵入性等诸多优势，已成为当今生命科学领域最重要的技术手段之一[1]。传统的荧光染料，如荧光素、香豆素、BODIPY 以及罗丹明等存在 ACQ 现象，难以实现对生物体的实时动态监测和原位成像，使其在疾病发生机制和防控领域的应用相对受限[2]。2001 年，唐本忠提出 AIE 概念，为解决传统 ACQ 材料所存在的问题提供了新的思路，也为生物成像领域的发展开启了新的方向。基于 AIE 的生物探针具有诸多优势，包括强的聚集体发光亮度、高抗光漂白性、较大的斯托克斯位移和优异的生物相容性，AIE 材料已被广泛应用于生物传感、生物成像、成像引导治疗等领域。

经过二十多年的努力，国内外科研学者完善了 AIE 机理和应用，开发了一系列基于 AIE 的化合物及其衍生物，逐渐将其从基础研究拓展到生物医学应用领域。本章将对 AIE 分子在细胞成像、细菌成像、真菌成像和病毒成像方面取得的成果进行综述。

10.2 聚集诱导发光材料在细胞结构成像中的应用

细胞是生物体基本结构和功能的构成单位，细胞主要含有细胞膜、细胞核和细胞质等基本结构以及线粒体、溶酶体、内质网和高尔基体等细胞器。这些细胞器的功能和细胞的健康状态息息相关，它们的功能缺失或异常通常会导致疾病发生。尽管细胞器与细胞乃至整个生命体的运作息息相关，但是我们对于其参与的具体生物化学过程和相关信号通路仍然不是很清楚。细胞荧光成像提供了一种强有力的解决方案，借助荧光成像技术能够对不同细胞器进行可视化的实时监测，直观地研究其结构和功能。精准地对特定细胞器进行标记是细胞荧光成像的关键。AIE 材料因其具有低背景、信噪比高、灵敏度好、抗光漂白能力强的优势而被广泛关注。目前，已经有大量基于 AIE 的细胞器荧光探针被开发出来，用于细胞膜、细胞质、细胞核、线粒体、溶酶体等细胞器的高灵敏特异性成像。

10.2.1　细胞膜成像

细胞膜是以磷脂为主要成分且富有弹性的半透性膜，其功能是将细胞与外界环境隔离。它既保障了细胞内环境的稳定性，又能调节和选择性控制物质进出细胞，使细胞黏附、细胞信号交换、离子传导和营养运输等各种生理过程有序进行[3]。因此，可视化研究不同环境下细胞膜的动态形态变化对于早期医学诊断和生物医学基础研究具有重要意义。

基于磷脂双分子层的自然性质，2014 年，Liang 等在疏水四苯乙烯（TPE）骨架上修饰 4 个精氨酸单元（R4）及棕榈酸单元，制备了具有与膜特异性结合的点亮型两亲性 AIE 分子 TR4［图 10-1（a）］。带正电荷的 R4 片段作为靶向细胞膜的配体，同时长链结构的棕榈酸链可插入细胞膜中。图 10-1（a）展示了 TR4 对 MCF-7 细胞的细胞膜的选择性染色，其信号与商业细胞膜染料 DiI 荧光信号高度重叠[4]。同时实验证实 TR4 分子可用于细胞膜的实时追踪且具有比 DiI 更好的抗光漂白作用。2018 年，唐本忠等合成了带正电荷的两亲性 AIE 分子 TTVP［图 10-1（b）］。正电荷的存在可以促使 TTVP 通过静电作用与细胞膜结合；TTVP 良好的亲水性使其在短时间内不会穿透细胞膜的磷脂双分子层疏水区域；同时 TTVP 分子中强疏水性的发光基团嵌入该疏水区域，分子内旋转受阻从而在激发下发光。图 10-1（b）展示了 TTVP 对 HeLa 细胞进行染色且与商业细胞膜染料 DiO 荧光信号高度重叠。同时，超短的染色时间（数秒）、免洗特性、良好的染色效果和特异性等使 TTVP 远远优于商品化的细胞膜染料（如 DiO）[5]。

(a)

TR4　　DiI　　叠加

HN-Arg-Arg-Arg-Arg-NH₂

10 µm

图 10-1　（a）TR4 的化学结构及与 DiI 标记的 MCF-7 细胞荧光图；（b）TTVP 的化学结构及与 DiO 标记的 HeLa 细胞荧光图

10.2.2　细胞质成像

　　细胞追踪是研究细胞增殖和迁移的重要手段。传统的荧光试剂特别是小分子荧光染色剂很难长期存留在细胞内部，因此，其对细胞生长过程的长时间追踪应用受限。

　　2011 年，唐本忠课题组设计了氨基修饰的噻咯分子［图 10-2（a）］，该分子在固态下的荧光量子产率高达 36%，可对 HeLa 细胞的细胞质进行特异性成像。该分子在水相中聚集成直径为 220 nm 左右的颗粒，其进入细胞是一个物理过程，不产生化学变化；可在细胞内长时间停留，对活细胞进行长达 4 代的追踪[6]。2016 年，Lei 等将 TPE 与单体共聚物 DDBV、氮异丙基丙烯酰胺（NIPAM）进行聚合反应，合成了 AIE 材料 P6［图 10-2（b）］，P6 在 A549 细胞内呈现深蓝色荧光，且当细胞传至

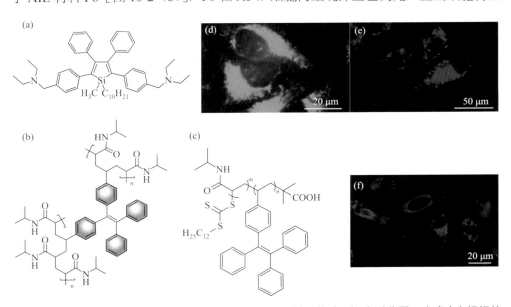

图 10-2　（a）～（c）分别为噻咯、P6 和 PTPEE-PN*n* 的结构式；（d）以分子 A（噻咯）标记的 HeLa 细胞荧光图；（e）以分子 B（P6）标记的 A549 细胞荧光图；（f）以分子 C（PTPEE-PN2-M2）标记的人骨肉瘤（U2OS）细胞荧光图

第 10 代时，细胞内仍有较强的荧光。P6 能够被细胞高效吞噬且生物相容性好，可作为细胞示踪剂用于长期细胞示踪[7]。2021 年，Chi 等将 1-乙烯基-4-(1, 2, 2-三苯基乙烯基)苯（TPEE）与 NIPAM 通过可逆加成-断裂链转移（RAFT）聚合反应合成了 AIE 嵌段共聚物 PTPEE-PNn [图 10-2（c）]。通过"透析法"制备了具有良好粒径分布及稳定性的空心胶束 PTPEE-PN2-M2，粒径为 80~120 nm。胶束在人骨肉瘤细胞系 U2OS 细胞质内发出明亮的蓝色荧光并且具有良好的生物相容性[8]。

10.2.3 细胞核成像

细胞核是真核细胞内最重要的细胞结构，是细胞遗传与代谢的调控中心，含有多种遗传物质[9]。

2016 年，唐本忠等通过简单的偶联反应和 D-π-A 电子推拉结构，制备了对微环境变化产生荧光响应的 AIE 分子 ASCP [图 10-3（a）][10]。ASCP 选择性地对 HeLa 细胞的线粒体（黄色）和核仁（红色）进行标记。ASCP 细胞毒性低，且比商业 SYTO RNASelect（一种 RNA 荧光染色探针）染料有更高的光稳定性。同时实验发现，增加分子中正电荷的数目，有助于分子进入核区。2017 年，Lei 等以三苯胺（TPA）为核，用不同取代数目的卞溴和对溴甲基硼酸进行修饰，得到 TPA-PP（苄基吡啶盐）A（苯硼酸）的吡啶衍生物。实验发现，随着正电荷数目的增加，HeGP-2 细胞染色位置由细胞质转移到细胞核，并且带三个正电荷的 TPA-PPA-3 [图 10-3（b）] 对 HeGP-2 细胞具有明显的核靶向[11]。2019 年，唐本忠课题组以吡啶盐为正电荷单元，通过电荷调控设计合成了分别带有 2、3、4 个正电荷的 AIE 材料[12]。因为分子具有较长的共轭结构以及推拉电子效应，它们均具有较长的发射波长（610 nm）和极高的单线态氧产生能力。在其生物应用探究过程中，意外发现带有 4 个电荷的分子 TPE-4EP + 在光动力治疗过程中的荧光信号会逐渐从线粒体向细胞核区域转移，并诱导细胞凋亡 [图 10-3（c）]。该分子可以实时观测荧光信号的转移，可用于构建原位监测光动力治疗过程的实时报告系统。

10.2.4 线粒体成像

线粒体是一种存在于大多数细胞中的由两层膜包被的细胞器，拥有自身的遗传物质和遗传体系，但其基因组大小有限，是一种半自主细胞器。除了为细胞提供能量外，线粒体还参与诸如细胞分化、细胞信息传递和细胞凋亡等过程，并拥有调控细胞生长和细胞周期的能力[13]。线粒体是细胞能量代谢的中心，它具有高度的动态结构，其动态变化异常与心功能不全、线粒体病、心脏病等疾病密切相关[14]。

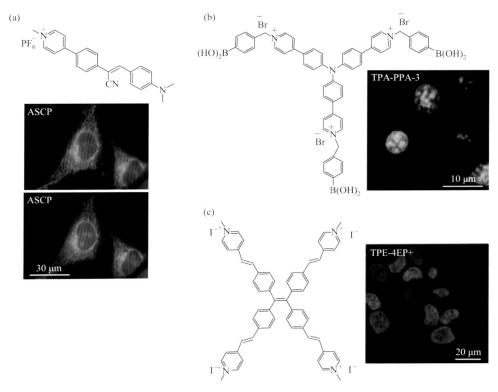

图 10-3 （a）ASCP 的化学结构及标记的 HeLa 细胞荧光图；（b）TPA-PPA-3 的化学结构及标记的 HeGP-2 细胞荧光图；（c）TPE-4EP + 的化学结构及标记的 HeLa 细胞荧光图

2013 年，唐本忠课题组在 TPE 骨架上修饰三苯基膦（TPP）基团制备了 AIE 分子 TPE-TPP ［图 10-4（a）］。TPE-TPP 可通过其亲脂性促使分子进入 HeLa 细胞线粒体进行特异性成像，并可观察线粒体解偶联剂（CCCP）作用下线粒体的结构形貌变化。同时，TPE-TPP 分子呈现良好的生物相容性、光稳定性[15]。基于线粒体在膜的基质侧有很大的负电位，唐本忠等在 TPE 骨架上修饰吡啶盐得到末端带正电荷的 AIE 分子 TPE-Py ［图 10-4（b）］。TPE-Py 分子可以特异性地对 HeLa 细胞的线粒体染色并具有很好的光稳定性[16]。2019 年，Guo 等开发了新型 AIE 母体荧光单元 TCM，通过分子结构设计将 AIE 母体与亲脂性的靶向基团 TPP 阳离子单元集合在一个分子中，使其具有可控的聚集状态和匹配的电荷密度，获得"关-开"激活型近红外 AIE 分子 TCM-1 ［图 10-4（c）］，成功解决了 AIE 分子靶向线粒体的亲疏水平衡与荧光激活特性之间的难题，实现高信噪比和高保真的线粒体时空成像。TCM-1 与商业绿色线粒体（Mito-tracker Green）和红色线粒体（Mito-tracker Red）染料相比，具有优异的光稳定性和不受浓度依赖的靶向能力。TCM-1 具有可激活的荧光性质、近红外的荧光发射和优异的线粒体靶向能力，在三维空间和时间分辨成像中展示了高信噪比和高保真的线粒体动态分布信息[17]。

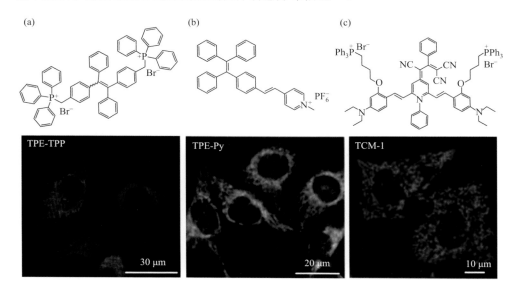

图 10-4 （a）TPE-TPP 的化学结构及标记的 HeLa 细胞荧光图；（b）TPE-Py 的化学结构及标记的 HeLa 细胞荧光图；（c）TCM-1 的化学结构及标记的 HeLa 细胞荧光图

10.2.5 溶酶体成像

溶酶体内含 60 多种酸性水解酶，是广泛存在于真核细胞中的一种酸性细胞器。溶酶体维持细胞内稳态并介导多种生理过程，包括病原体防御、细胞信号转导和细胞死亡等[18]。靶向溶酶体成像及检测其中酶的活性对诊断各种与溶酶体相关的疾病（阿尔茨海默病、帕金森病和溶酶体贮积病等）具有重要意义[19]。

2014 年，Gao 等在水杨醛吖嗪骨架上连接具有溶酶体靶向能力的弱碱性吗啡啉基团，合成了同时具有 AIE 和 ESIPT 性质的溶酶靶向探针 AIE-Lyso-1 [图 10-5（a）]。AIE-Lyso-1 分子内羟基被乙酰基保护且 N—N 键可以自由旋转，几乎无荧光发射。在溶酶体水解酶的作用下，探针酯基被水解发生 ESIPT 过程，使其在溶酶体内聚集，选择性点亮细胞内的溶酶体。该探针与商业溶酶体染料 Lyso-Tracker Red 相比具有很好的成像重叠性，在溶酶体成像的同时能够用于酯酶活性的检测和细胞受激后溶酶体的运动过程监测[20]。溶酶体 pH 是指示溶酶体水解酶活性和溶酶体功能状况的重要参数，并且能提示细胞的自噬。2020 年，一种比率计量型 CSMPP 探针被设计，CSMPP 质子化后分子内电荷转移增强引起发射光谱产生较大的红移 [图 10-5（b）]。CSMPP 具有良好的光稳定性及 pH 响应的可逆性，能特异性检测 pH 而不受生命系统中某些常见化学物质的干扰。另外，CSMPP 的绝对 pK_a 为 4.75 ± 0.02，处于溶酶体的酸度窗口（pH 4.5～5.5），能够测量溶酶体的 pH。利用 CSMPP 首次实现了活体内实时监测青鳉幼鱼尾鳍再生过程中其溶酶体的分布和 pH 的变化，为组织再生过程的研究提供了一种简单而定量的动态跟踪方法[21]。

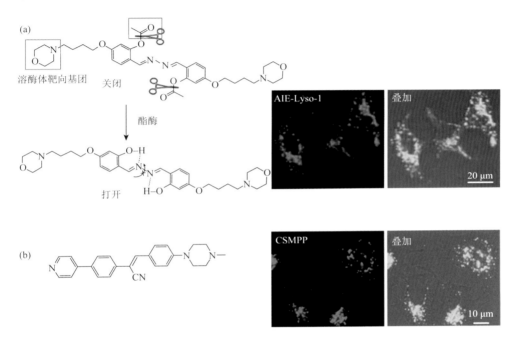

图 10-5　（a）AIE-Lyso-1 检测溶酶体酯酶的示意图及与 Lyso-Tracker Red 标记的 MCF-7 细胞荧光图；（b）CSMPP 的化学结构及与 Lyso-Tracker Red 标记的 HeLa 细胞荧光图

10.2.6　脂滴成像

脂滴由磷脂单分子层和中性脂质内核组成，是细胞内中性脂质的主要贮存场所，广泛存在于原核细胞及真核细胞中[22]。近年来研究发现，脂滴并非是一个"惰性"的能量贮存器，而是动态的细胞器，它的异常与肥胖、2 型糖尿病、脂肪肝、高脂血症和动脉粥样硬化等疾病有着密切的联系[23]。因此，脂滴的成像检测对生物医学研究和临床诊断具有重要意义。

2013 年，唐本忠等受到常见脂滴染料尼罗红、Seoul-Fluor 等结构的启发，设计了修饰有电子给体烷基胺与电子受体醛基的 TPE 分子 TPE-AmAl［图 10-6（a）］。TPE-AmAl 分子由于给受体的引入展现了扭曲分子内电荷转移（TICT）性质，在聚集态荧光发生红移，在水相中发出橙色荧光。十八烯酸（油酸）可以刺激细胞产生脂滴，HeLa 细胞在经油酸刺激后，与 TPE-AmAl 共孵育，细胞脂滴发出蓝色荧光。TPE-AmAl 分子在脂滴中的发射蓝移是由于脂滴中单层脂质的包裹降低了分子所处环境的极性。同时，TPE-AmAl 分子可用于绿藻脂滴成像，在高价值微藻作为优先生物燃料来源的高通量筛选中具有潜在的应用前景。相比于商业脂滴荧光染料，TPE-AmAl 分子具有低背景干扰、快速染色、高选择性、优异的光稳定性和良好的生物相容性等优点[24]。

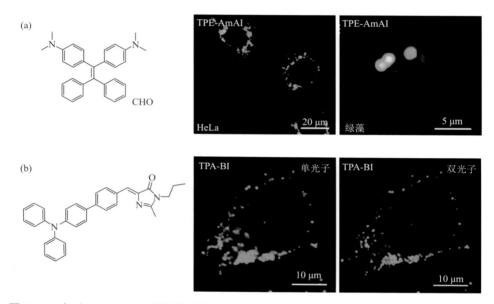

图 10-6 （a）TPE-AmAl 的化学结构及标记的油酸处理的 HeLa 细胞和绿藻（脂滴为蓝色发射）的荧光图；（b）TPA-BI 的化学结构及标记的油酸处理的 HeLa 细胞的单光子和双光子荧光图

　　双光子激发具有长波激发、较少的自发荧光、高 3D 分辨率、抗光漂白和较深的组织穿透深度等优点，在生物医学研究和临床诊断中越来越受欢迎。2017 年，唐本忠等以强电子供体和双光子分子构建基元三苯胺为母核的 AIE 分子 TPA-BI ［图 10-6（b）］。TPA-BI 分子具有供体-π-受体（donor-π-acceptor，D-π-A）结构，D-π-A 结构使 TPA-BI 存在 TICT 现象，表现出较强的溶剂化效应，在非极性环境下荧光发生蓝移，可实现对脂滴非极性环境的特异性响应。TPA-BI 具有 AIE 特征，其斯托克斯位移可达 202 nm。TPA-BI 可用 410 nm 的单光子激发，也可用 840 nm 双光子激发对细胞脂滴成像［图 10-6（b）］。实验证明 TPA-BI 兼具 AIE 和双光子在成像上的优点，适合于各种活细胞系和固定组织切片的双光子成像[25]。

10.2.7　高尔基体成像

高尔基体由大小不一、形态多变的囊泡组成，主要参与细胞内各种蛋白质、脂质的加工和修饰，然后正确地分类并运输到细胞内和细胞外的目的地。此外，高尔基体也参与细胞内各种金属离子的储存和运输，在膜转化和溶酶体的形成等过程中发挥着重要作用。研究表明，高尔基体的形态学改变和功能障碍可导致许多疾病，如癌症、心血管疾病、2 型糖尿病、阿尔茨海默病和亨廷顿病等。因此，原位高尔基体特异性成像对实时监测细胞内动态过程以及深入了解相关疾病的发病机制具有非常重要的意义。

2021 年，唐本忠等选择苯磺酰胺作为高尔基体靶向基团，三苯胺作为转子，氰基苯乙烯作为 AIE 基元，成功开发出具有 AIE 性质的高尔基体靶向探针 AIE-GA[26]。与商业高尔基体荧光探针相比，AIE-GA 的合成步骤（两步）和纯化简单。此外，AIE-GA 具有良好的生物相容性和光稳定性等，可用于高尔基体的长期成像与示踪（图 10-7）。

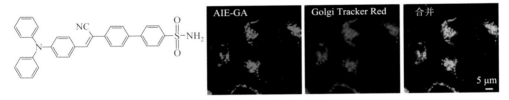

图 10-7　AIE-GA 的化学结构及与一种红色的高尔基体探针 Golgi Tracker Red 标记的细胞荧光图

10.2.8　内质网成像

内质网是细胞内由单层膜组成的一系列片状的囊腔和管状的腔，参与蛋白质和脂质的合成、加工、包装和运输等，是细胞内的重要细胞器。2020 年，唐本忠等设计合成了含有磺酸盐官能团和 D-A 结构的两性分子 CDPP-3SO$_3$ 和 CDPP-4SO$_3$，并成功用于人体活细胞内质网（ER）的特定单光子和双光子成像。用单个正电荷基团替代两性离子基团，CDPP-BzBr 的单光子和双光子成像显示出线粒体特异性，表明两性离子基团对于靶向 ER 很重要。CDPP-3SO$_3$ 分子可以特异性地点亮细胞内的内质网，该分子与商业内质网染料 ER-Tracker Red 荧光信号高度重叠 [图 10-8（a）]。CDPP-3SO$_3$ 分子具有红色荧光且表现出优异的光稳定性、良好的细胞相容性以及染色效率，有望应用于活细胞的内质网成像[27]。2021 年，Zhu 等在 AIE 母体喹啉腈衍生物 QM-OH 上引入亲水的磺酸基团和含有杂原子的磺胺基团，构建了双亲性 AIE 分子 QM-SO$_3$-ER。亲水的磺酸基团显著提高分子的水溶性，磺胺基团提高分子的亲脂性和靶向性使其具有内质网靶向能力。QM-SO$_3$-ER 分子在多种有机-水体系中均具有极好的溶解性，呈现无荧光状态。在高黏度的溶剂（甘油）中分子运动受限，表现出 AIE 荧光特性。该探针可以特异性结合位于内质网上的钾离子通道蛋白，实现对内质网的超高信噪比成像［图 10-8（b）］，同时具有优异的光稳定性、生物相容性以及免洗成像效果。双亲性 AIE 的设计策略为 AIE 生物探针的设计开发提供了新的思路和方向[28]。2021 年，唐本忠等通过一步铜催化的异氰酸酯与苯磺酰胺的加成反应构建了内质网靶向的探针 AIE-ER[26]。AIE-ER 与商业内质网荧光探针 ER-Tracker Red 的皮尔逊共定位系数高达 0.94，表明 AIE-ER 具有优异的内质网定位能力。在 405 nm 激光扫描 80 次后探针 AIE-ER 荧光强度未出现明显变化，而 ER-Tracker Red 的荧光强度下降超过 25%，表明 AIE-ER 具有非常优异的光稳定性。分子对接计算结果显示，AIE-ER 与内质网上 ATP 敏感性钾离子通道蛋白具有非常强的结合能力，进一步揭示了该探针靶向内质网的机理。

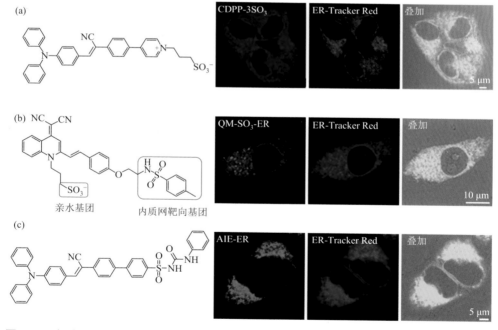

图 10-8 （a）CDPP-3SO$_3$ 的化学结构及其与 ER-Tracker Red 标记的 HeLa 细胞荧光图以及荧光与明场叠加图；（b）QM-SO$_3$-ER 的化学结构及其与 ER-Tracker Red 标记的 PANC-1 细胞荧光图以及荧光与明场叠加图；（c）AIE-ER 的化学结构及其与 ER-Tracker Red 标记的 HeLa 细胞荧光图像以及荧光与明场叠加图

10.3　聚集诱导发光材料在病原菌成像领域的研究进展

病原微生物，是指能入侵宿主引起感染的微生物，包括细菌、真菌、病毒等。病原微生物研究是一项重要课题，其在卫生学、环境监测和抗生素研发等领域扮演着重要角色。荧光探针作为可视化工具，被广泛地应用于研究复杂的生物结构和生命过程，在病原微生物成像和荧光传感检测方面发挥着重要作用。

10.3.1　细菌成像

2014 年，唐本忠等报道了一种含硼酸基团的四苯乙烯衍生物（TPE-2BA）[图 10-9（a）][29]。研究发现死细菌细胞膜破裂后，DNA 与 TPE-2BA 产生相互作用从而束缚 DNA 双链的凹槽；根据分子内运动受限（RIR）机理，TPE-2BA 进入死细菌内部后与 DNA 作用发出强烈荧光。TPE-2BA 比商品化死细菌染色剂碘化丙啶（PI）生物安全性高，可以作为检测细菌存活率的优良荧光染料。2017 年，唐本忠等将具有 AIE 性能的三苯乙烯（TriPE）与具有抗菌功能的萘酰亚胺三唑（NT）相结合，成功制备了新型聚集诱导发光抗菌剂 TriPE-NT [图 10-9（b）][30]。TriPE-NT 可以对革兰氏阳性菌和革兰氏阴性菌染色，并通过荧光监测与细菌的相互作用，进一步探索相关的抗菌机制。同时，NT 单元的引入使得 TriPE-NT 具有药物抗菌和光动力协同杀菌功能，可以高效率杀灭大肠杆菌、多药耐药（MDR）大肠杆菌、表皮葡萄球菌和 MDR 表皮葡萄球菌，有效治疗这 4 种菌引起的伤口感染。2018 年，唐本忠等在前期工作的基础上对含有硼酸基团的 AIE 分子进行改性，通过旋转限制控制 AIE 分子与细菌的结合。硼酸基团可以与细菌表面的二醇基团结合触发诱导发光，含有三个 [图 10-9（c）] 或四个硼酸基团的 AIE 分子与细菌结合后旋转受到限制，呈现明亮的蓝色荧光，该类探针可以用来对活细菌进行检测[31]。2020 年，唐本忠等报道了具有相同发光基团而携带不同数量正电荷的 AIE 分子 TBP-1 和 TBP-2 [图 10-9（d）和（e）]，研究发现随着 AIE 分子正电荷的增加，其对革兰氏阴性菌（G⁻）的抗菌效率大大提高，但对革兰氏阳性菌（G⁺）的抗菌效率无明显作用。这可能是由分子正电荷数量的差异导致分子与 G⁻细胞壁上的脂多糖（LPS）结合亲和力的显著不同。具有两个正电荷的 TBP-2 与具有一个正电荷的 TBP-1 相比，TBP-2 与 LPS 的作用更强，并能取代稳定 LPS 结构的二价阳离子，从而导致细菌渗透屏障产生了"裂纹"，因此两个正电荷的 TBP-2 可以部分进入细胞质内并通过光照下产生的单线态氧来破坏 G⁻菌[32]。后续研究发现 TBP-1 和 TBP-2 特异性与细菌膜结合，靶向识别细菌膜的磷脂酰甘油（PG）和心磷脂（CL）。此外，在 30 天耐药性连续诱导试验中 TBP-1 和 TBP-2 均没有产生耐药性，远优于阳性对照药物苯唑西林（Oxacillin）。同时 TBP-1 和 TBP-2 与细菌作用后通过破坏细菌膜结构来达到杀菌目的。以上结果表明 TBP-1 和 TBP-2 是作用靶点明确且不易产生耐药性的较理想的抗菌化合物[33]。

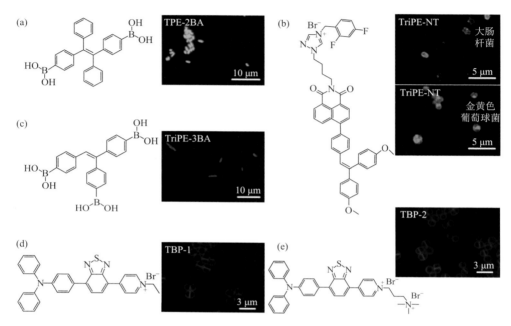

图 10-9　（a）TPE-2BA 的分子结构及标记的死亡大肠杆菌荧光图；（b）TriPE-NT 的分子结构及标记的大肠杆菌和金黄色葡萄球菌荧光图；（c）TriPE-3BA 的分子结构及标记的大肠杆菌荧光图；（d）TBP-1 的分子结构及标记的金黄色葡萄球菌超分辨荧光图；（e）TBP-2 的分子结构及标记的金黄色葡萄球菌超分辨荧光图

　　2015 年，Liu 等报道了一种基于水杨醛吖嗪荧光分子的多功能分子锌（Ⅱ）-二甲基吡啶胺 AIE-ZnDPA [图 10-10（a）]。AIE-ZnDPA 具有 AIE 和 ESIPT 特性，与革兰氏阳性菌枯草芽孢杆菌和革兰氏阴性菌大肠杆菌结合后其荧光发射被激活。实验发现 AIE-ZnDPA 对哺乳动物细胞无响应，选择性地对细菌成像 [图 10-10（a）] [34]。同年，Liu 等报道了一种革兰氏阳性菌特异性成像和鉴别的聚集诱导发光分子 AIE-2Van。AIE-2Van 由 AIE 基团和与革兰氏阳性菌壁特异性结合的万古霉素（Van）组成。以枯草芽孢杆菌为实验组，大肠杆菌为对照组，细菌与 AIE-2Van探针孵育后的枯草芽孢杆菌呈现鲜红色荧光，而大肠杆菌中无荧光信号 [图 10-10（b）]。同时，AIE-2Van 可以点亮耐万古霉素肠球菌（VRE）（VanA ATCC51559，VanB ATCC51299）[35]。

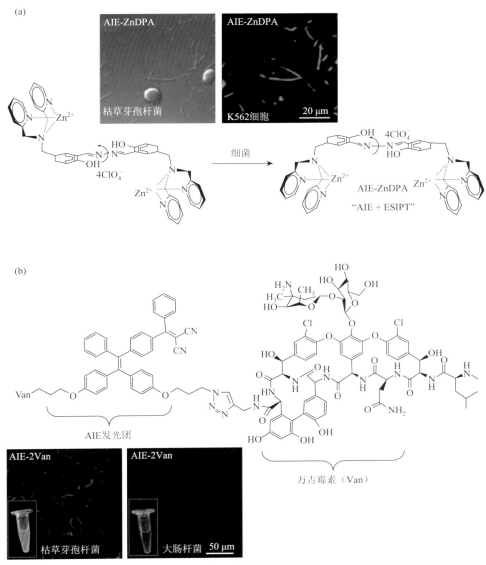

图 10-10　（a）AIE-ZnDPA 的化学结构及标记的枯草芽孢杆菌和 K562 细胞荧光图；（b）AIE-2Van 的化学结构及标记的枯草芽孢杆菌和大肠杆菌荧光图（插图为紫外灯照射下的细菌图）

10.3.2　胞内细菌成像

细菌通过侵入细胞（胞内菌）能逃逸免疫清除和抗生素杀伤，因而常规药效不易评价。2018 年，Olalla 等报道了利用荧光标记策略研究抗生素敏感菌和耐药菌与人类免疫细胞的相互作用，开启了荧光探针作为可视化工具探究细菌（包括 MDR

菌）-宿主细胞相互作用机制的研究[36]。2019 年，Liu 等报道了一种基于 D-丙氨酸和具有 AIE 特性的细菌可代谢双功能 AIE 分子 TPEPy-D-Ala［图 10-11（a）］[37]。由于宿主哺乳动物细胞仅使用 L-氨基酸进行生物合成，因此引入的 D-氨基酸可以特异性地标记细菌的肽聚糖，而不标记宿主细胞。TPEPy-D-Ala 一经代谢整合到细菌肽聚糖中，TPEPy-D-Ala 的分子内运动即被抑制，荧光信号显著增强，清晰成像细胞内的细菌，用于活体细胞中细菌的荧光点亮成像。同年，Liu 等构建了基于 AIEgen-多肽的荧光生物探针 PyTPE-CRP，该探针由酶可裂解肽（NEAYVHDAP）和 AIE 荧光基团两个部分组成［图 10-11（b）］。酶可裂解肽作为响应部分，

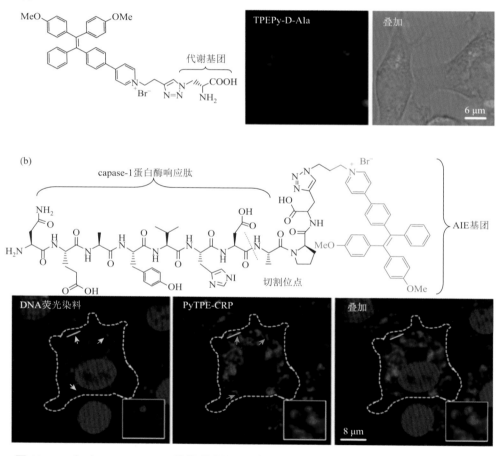

图 10-11　（a）TPEPy-D-Ala 的化学结构及标记的巨噬细胞内耐甲氧西林金黄色葡萄球菌（MRSA）的荧光图和荧光明场重叠图；（b）PyTPE-CRP 的化学结构及标记的巨噬细胞内金黄色葡萄球菌荧光图

经 caspase-1 作用在氨基酸 Asp 和 Ala 之间裂解，AIE 荧光团（PyTPE）在分子状态下几乎是无荧光的，聚集体的形式下表现出强发射[38]。细菌感染巨噬细胞后，休眠的 procaspase-1 酶立即被蛋白水解切割激活，从而有效地切割设计的肽底物。由此得到的 PyTPE-CRP 残基自发地自组装成聚集体并堆积在含有细菌的吞噬体内，导致 PyTPE 在巨噬细胞内荧光点亮。此外，该探针还可以作为产生活性氧（ROS）的光敏剂，细菌吞噬体中每单位面积的平均 ROS 指示剂荧光信号强度比细胞质中高约 2.7 倍，从而诱导高效率杀灭细胞内细菌。基于荧光点亮的策略，该探针具有选择和灵敏诊断细菌感染的潜力，并且有望用于细胞内细菌的消除。

10.3.3　真菌成像

可视化识别病原体对于临床快速诊断具有重要意义。2020 年，唐本忠等开发了一种荧光颜色微环境敏感型阳离子异喹啉（IQ）的聚集诱导发光材料 IQ-Cm[图 10-12（a）][39]。IQ-Cm 分子具有扭曲的供体-受体和多转子结构，因而呈现明显的 TICT 效应以及 AIE 性质。研究表明 IQ-Cm 可选择性地结合在三类病原菌的不同位点，感受不同的微环境，因而产生三种肉眼可识别的荧光。其中，革兰氏阴性菌（G⁻）为肉粉色，革兰氏阳性菌（G⁺）为橙红色，而真菌为明黄色。因此，根据 IQ-Cm 的不同荧光响应在荧光显微镜下可以直接可视化区分这三类病原体。进一步研究证实，IQ-Cm 可作为临床快速诊断尿路感染、及时监测医院内感染过程以及快速检测食品中霉菌的可视化探针。综上所述，这种基于单一 AIEgen 探针的可视化成像策略为快速检测病原体和临床诊断提供了新型平台。2021 年，在前期工作的基础上，唐本忠等开发了带有正电荷 IQ 基团和适宜亲疏水基团（clogP 5.5～6.0）的 AIE 分子，IQ-TPA 及 IQ-TPE-2O[40]。研究发现，这类 AIE 探针可以靶向白色念珠菌的线粒体（图 10-12）且优先累积在真菌线粒体上而不是哺乳动物细胞上。基于此发展了线粒体靶向的光动力抗真菌策略，实现对真菌高效选择性杀伤，并成功应用于真菌性角膜炎的治疗。

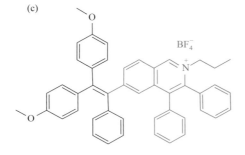

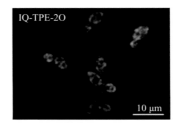

图 10-12 （a）IQ-Cm 的化学结构及标记的白色念珠菌荧光图；（b）IQ-TPA 的化学结构及标记的白色念珠菌荧光图；（c）IQ-TPE-2O 的化学结构及标记的白色念珠菌荧光图

10.3.4 病毒靶向细菌成像

面对世界范围内广泛存在的抗生素耐药性危机，迫切需要开发对特定细菌具有特异性、超高效抗菌活性的抗菌剂。噬菌体的天然靶向性可以介导特异性的宿主细菌识别，在保持噬菌体自身的感染活性的同时，增加细菌杀伤性能。2020 年，唐本忠等提出了一种赋予噬菌体（PAP）光动力灭活（PDI）功能的噬菌体-AIEgen 生物偶联新策略，开发了一种新型的抗菌剂，对特定细菌表现出出色的靶向成像和协同杀伤能力（图 10-13）。噬菌体介导的靶向识别能力使噬菌体-AIEgen 生物偶联物能够特异性识别特定的宿主细菌。同时，AIEgen 的荧光特性赋予其动态成像示踪功能，因此可以通过荧光成像实现对其相互作用的实时跟踪。具有 PDI 功能的 AIEgen 可以作为高效的光敏剂，在白光照射下即可产生大量的活性氧（ROS）。结果表明，在体外和体内抗菌测试中噬菌体-AIEgen 生物偶联物均成功实现了对抗生素敏感及多药耐药细菌的选择性标记和协同杀灭，并具有良好的生物相容性。这种崭新的噬菌体-AIEgen 整合策略将使现有的抗菌武器库多样化，并激发未来潜力抗菌药物的开发[41]。

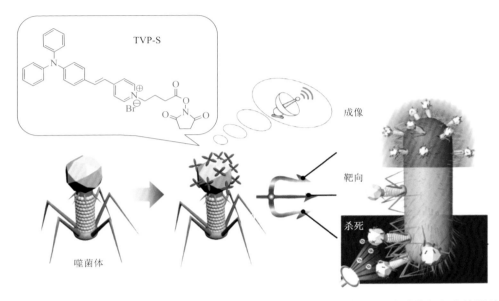

图 10-13　噬菌体-AIEgen 生物偶联物在噬菌体引导下对宿主菌的靶向识别、成像标记和协同杀灭示意图

10.4 本章小结与展望

　　经过二十余年的发展和完善，AIE 分子在细胞膜、细胞质、细胞核、线粒体、溶酶体、脂滴、高尔基体和内质网等细胞器成像和细菌、真菌及病毒等病原微生物成像方面取得了诸多成果，同时一些 AIE 分子在癌症诊疗、抗病原菌感染治疗和病原菌快速区分领域有很好的应用前景。但 AIE 分子在生物成像领域的研究仍充满挑战，如制备简单、量子产率高且具有长波吸收和发射等光学性能的 AIE 分子的合成路线仍有待改进；精准靶向特定细胞器、生物相容性好并长时间追踪活体细胞，可用于超分辨成像等的 AIE 分子仍有待开发；对 AIE 分子在病原微生物成像及杀伤机理方面的探究还需更加深入，明确构效关系才能更好地指导分子设计、合成。希望通过不断的努力，将 AIE 分子更好地应用在疾病检测、预防与治疗领域。

参 考 文 献

[1]　Terai T，Nagano T. Fluorescent probes for bioimaging applications. Current Opinion in Chemistry Biology，2008，12（5）：515-521.

[2]　Birks B. Photophysics of Aromatic Molecules. London：Wiley，1970.

[3]　Alberts B，Johnson A，Lewis J，et al. In Molecular Biology of the Cell. New York：Garland Science，2002.

[4]   Zhang C Q，Jin S B，Yang K N，et al. Cell membrane tracker based on restriction of intramolecular rotation. ACS Applied Materials Interface，2014，6（12）：8971-8975.

[5]   Wang D，Su H F，Kwok R T K，et al. Rational design of a water-soluble NIR AIEgen，and its application in ultrafast wash-free cellular imaging and photodynamic cancer cell ablation. Chemical Science，2018，9（15）：3685-3693.

[6]   Yu Y，Feng C，Hong Y N，et al. Cytophilic fluorescent bioprobes for long-term cell tracking. Advanced Materials，2011，23（29）：3298-3302.

[7]   Ma H C，Qi C X，Cheng C，et al. AIE-active tetraphenylethylene cross-linked N-isopropylacrylamide polymer：A long-term fluorescent cellular tracker. ACS Applied Materials Interfaces，2016，8（13）：8341-8348.

[8]   Ma C P，Xie G Y，Tao Y C，et al. Preparation of AIE active and thermoresponsive poly（1-ethenyl-4-（1, 2, 2-triphenylethenyl）-benzene-b-N-isopropylacrylamide）micelles for cell imaging. Dyes and Pigments，2021，184：108776.

[9]   Kobayashi H，Ogawa M，Alford R，et al. New strategies for fluorescent probe design in medical diagnostic imaging. Chemical Reviews，2009，110（5）：2620-2640.

[10]   Chris Y Y，Kwok R T K，Tang B Z. A photostable AIEgen for nucleolus and mitochondria imaging with organelle-specific emission. Journal of Materials Chemistry B，2016，4（15）：2614-2619.

[11]   Ma H C，Yang M Y，Zhang C L，et al. Aggregation-induced emission（AIE）-active fluorescent probes with multiple binding sites toward ATP sensing and live cell imaging. Journal of Materials Chemistry B，2017，5（43）：8525-8531.

[12]   Zhang T F，Li Y Y，Zheng Z，et al. In situ monitoring apoptosis process by a self-reporting photosensitizer. Journal of the American Chemical Society，2019，141（14）：5612-5616.

[13]   Hoye A T，Davoren J E，Wipf P，et al. Targeting mitochondria. Accounts of Chemical Research，2008，41（1）：87-97.

[14]   Lesnefsky E J，Moghaddas S，Tandler B，et al. Mitochondrial dysfunction in cardias disease：Ischemia-reperfusion，aging，ang heart failure. Journal of Molecular and Cellular Cardiology，2001，33（6）：1065-1089.

[15]   Leung C W T，Hong Y N，Chen S J，et al. A photostable AIE luminogen for specific mitochondrial imaging and tracking. Journal of American Chemical Society，2013，135（1）：62-65.

[16]   Zhao N，Li M，Yan Y L，et al. A tetraphenylethene-substituted pyridinium salt with multiple functionalities：Synthesis，stimuli-responsive emission，optical waveguide and specific mitochondrion imaging. Journal of Materials Chemistry C，2013，1（31）：4640-4646.

[17]   Zhang J，Wang Q，Guo Z Q，et al. High-fidelity trapping of spatial-temporal mitochondria with rational design of aggregation-induced emission probes. Advanced Functional Materials，2019，29（16）：1808153.

[18]   Saftig P，Klumperman J. Lysosome biogenesis and lysosomal membrane proteins：Trafficking meets function. Nature Reviews Molecular Cell Biology，2009，10（9）：623-635.

[19]   Settembre C，Fraldi A，Medina D L，et al. Signals from the lysosome：A control centre for cellular clearance and energy metabolism. Nature Reviews Molecular Cell Biology，2013，14（5）：283-296.

[20]   Gao M，Hu Q L，Feng G X，et al. A fluorescent light-up probe with "AIE ＋ ESIPT" characteristics for specific of lysosomal esterase. Journal of Materials Chemistry B，2014，2（22）：3438-3442.

[21]   Shi X J，Yan N，Niu G L，et al. In vivo monitoring of tissue regeneration using a ratiometric lysosomal AIE probe. Chemical Science，2020，11（12）：3152-3163.

[22]　Martin S，Parton R G. Lipid droplets：A unified view of a dynamic organelle. Nature Reviews Molecular Cell Biology，2006，7（5）：373-378.

[23]　Alberti K G M M，Zimmet P，Shaw J. The metabolic syndrome：A new worldwide definition. Lancet，2005，366（9491）：1059-1062.

[24]　Wang E J，Zhao E G，Hong Y N，et al. A highly selective AIE fluorogen for lipid droplet imaging in live cells and green algae. Journal of Materials Chemistry B，2014，2（14）：2013-2019.

[25]　Jiang M J，Gu X G，Lam J W Y，et al. Two-photon AIE bio-probe with large Stokes shift for specific imaging of lipid droplets. Chemical Science，2017，8（8）：5440-5446.

[26]　Xiao P H，Ma K，Kang M M，et al. An aggregation-induced emission platform for efficient Golgi apparatus and endoplasmic reticulum specific imaging. Chemical Science，2021，12（41）：13949-13957.

[27]　Alam P，He W，Leung N L C，et al. Red AIE-active fluorescent probes with tunable organelle-specific targeting. Advanced Functional Materials，2020，30（10）：1909268.

[28]　Zhu Z R，Wang Q，Liao H Z，et al. Trapping endoplasmic reticulum with amphiphilic AIE-active sensor via specific interaction of ATP-sensitive potassium（K-ATP）. National Science Reviews，2021，8（6）：nwaa198.

[29]　Zhao E G，Hong Y N，Chen S J，et al. Highly fluorescent and photostable probe for long-term bacterial viability assay based on aggregation-induced emission. Advanced Healthcare Materials，2014，3（1）：88-96.

[30]　Li Y，Zhao Z，Zhang J J，et al. A bifunctional aggregation-induced emission luminogen for monitoring and killing of multidrug-resistant bacteria. Advanced Functional Materials，2018，28（42）：1804632.

[31]　Kong T T，Zhao Z，Li Y，et al. Detecting live bacteria instantly by utilizing AIE strategies. Journal of Materials Chemistry B，2018，6（37）：5986-5991.

[32]　Shi X J，Sung S H P，Chau J H C，et al. Killing G（＋）or G（－）bacteria？The important role of molecular charge in AIE-active photosensitizers. Small Methods，2020，4（7）：2000046.

[33]　Li Y，Liu F，Zhang J J，et al. Efficient killing of multidrug-resistant internalized bacteria by AIEgens in vivo. Advanced Science，2021，8（9）：2001750.

[34]　Gao M，Hu Q L，Feng G X，et al. A multifunctional probe with aggregation-induced emission characteristics for selective fluorescence imaging and photodynamic killing of bacteria over mammalian cells. Advanced Healthcare Materials，2015，4（5）：659-663.

[35]　Feng G X，Yuan Y Y，Fang H，et al. A light-up probe with aggregation-induction emission characteristics（AIE） for selective imaging，naked-eye detection and photodynamic killing of Gram-positive bacteria. Chemical Communications，2015，51（62）：12490-12493.

[36]　Schulte L N，Heinrich B，Janga H，et al. A far-red fluorescent DNA binder enables interaction studies of live multidrug-resistant pathogens and host cells. Angewandte Chemie International Edition，2018，57（36）：11564-11568.

[37]　Hu F，Qi G B，Kenry K，et al. Visualization and in situ ablation of intracellular bacterial pathogens through metabolic labeling. Angewandte Chemie International Edition，2019，59（24）：9288-9292.

[38]　Guo Q B，Hu F，Kenry K，et al. An AIEgen-peptide conjugate as a phototheranostics agent for phagosome-entrapped bacteria. Angewandte Chemie International Edition，2019，58（45）：16229-16235.

[39]　Zhou C C，Jiang M J，Du J，et al. One stone，three birds：One AIEgen with three colors for fast differentiation of three pathogens. Chemical Science，2020，11（18）：4730-4740.

[40] Zhou C C，Peng C，Shi C Z，et al. Mitochondria-specific aggregation-induced emission luminogens for selective photodynamic killing of fungi and efficacious treatment of keratitis. ACS Nano，2021，15（7）：12129-12139.

[41] He X W，Yang Y J，Guo Y C，et al. Phage-guided targeting，discriminative imaging，and synergistic killing of bacteria by AIE bioconjugates. Journal of the American Chemical Society，2020，142（8）：3959-3969.

近红外聚集诱导发光分子

11.1 引言

　　荧光成像（fluorescence imaging，FLI）技术是利用荧光分子被光激发后发射一定强度和波长荧光信号来成像的技术。相比于光声成像、核磁共振成像、超声成像以及计算机断层成像等技术，荧光成像具有灵敏度高、分辨率高、响应速度快、噪声低、价格低廉以及安全性高等优势，可以方便快捷地对细胞和亚细胞层次的结构，以及生物体的生理过程和新陈代谢进行实时的可视化检测，加深对生命活动和相关疾病的认识；同时，荧光成像也能对生命体内的疾病位点进行精准诊断，还能实现对药物分布和治疗效果的可视化检测，在临床治疗方面具有非常重要的意义[1-6]。特别地，荧光蛋白和超分辨荧光显微镜技术的成熟大大促进了荧光成像技术在生物医药领域的进步与发展。

　　近红外（NIR）荧光成像，包含近红外Ⅰ区（NIR-Ⅰ，700～1000 nm）和近红外Ⅱ区（NIR-Ⅱ，1000～1700 nm），是生物成像技术中备受科学家青睐的方向[7-11]。这是因为生物体内的各种物质和组织，如血液、皮肤、脂肪等会对不同波长荧光有一定的吸收和散射。相比于可见光，生物体对近红外光的吸收和散射大大减弱，使得近红外光具有更强的组织穿透能力，可用于更深层次组织成像。同时，近红外光的能量较低，可以减少对皮肤组织的潜在伤害。此外，生物体在近红外区的自发荧光干扰小，使得成像的分辨率更优（图11-1）。因此，近红外荧光成像具有广阔的应用前景，为活体成像提供了可能性。

11.2 聚集诱导发光分子在近红外荧光成像的优势

　　荧光分子通常通过包覆在纳米颗粒内，以聚集态的形式在生物体内进行成像。传统的近红外荧光染料，如BODIPY、噁嗪和卟啉类等，通常具有较大的刚性平面

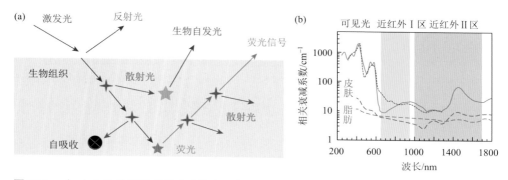

图 11-1 （a）生物体荧光成像中光和组织的关系图；（b）生物组织对可见光和近红外光的吸收能力示意图[8]

结构，这些分子在生理环境下或者聚集态下会紧密地堆积而发生 ACQ 现象，难以达到令人满意的成像效果。此外，传统染料的斯托克斯位移较小（＜50 nm），它们的激发光谱和发射光谱容易发生重叠，降低了成像的准确性。此外，传统荧光染料还面临着多次光学扫描下荧光信号消失（光漂白）的问题，难以实现生物体内的实时动态监测和原位成像，使其在疾病病理学和防控领域的研究相对受限，极大阻碍了荧光成像领域的实际应用。

与传统荧光染料分子的 ACQ 现象相反，AIE 分子在溶液中不发光或者具有微弱的荧光，而在聚集态时荧光强度显著增强。因此，近红外 AIE 分子能够克服传统分子包裹在纳米载体后出现的 ACQ 现象[12-14]。并且，近红外 AIE 分子在使用过程中无须控制浓度，在高浓度下仍具有强烈的荧光信号，在荧光成像领域展现出了独特的优势。相比于商业的近红外染料吲哚菁绿（ICG），近红外 AIE 分子在小鼠体内成像具有更加明显的荧光强度和分辨率，从而表现出优异的成像效果（图 11-2）[15]。此外，AIE 材料普遍具有生物兼容性好、斯托克斯位移大、光稳定性好及发光效率高的性能。这些特点使 AIE 近红外分子在荧光成像领域具有非常巨大的应用潜力。

11.3 ▶ 近红外聚集诱导发光分子的一般设计策略

AIE 分子在聚集态下独特的发光性能是由其扭曲的非平面分子构型决定的。这种扭曲的构型能够有效地避免分子间强烈的 π-π 相互作用，保证 AIE 分子在聚集态也以荧光的方式耗散激发态的能量[16-19]。以经典的四苯基乙烯分子为例，四个苯环通过单键与乙烯基团连接，可以自由地旋转。在聚集态下，苯环所在的平面与双键的平面仍具有一定的夹角，这种非平面结构使四苯基乙烯分子很

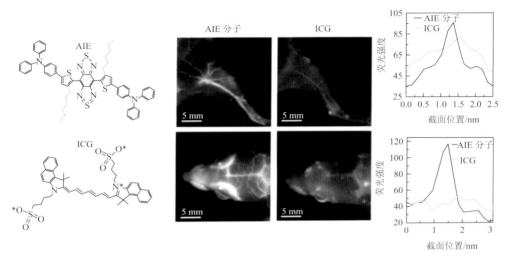

图 11-2　AIE 近红外分子在小鼠体内荧光成像的示意图（ICG 为吲哚菁绿分子）[15]

难具有面对面的 π-π 相互作用，从而表现出聚集态下显著的荧光增强性质。荧光分子的吸收波长和发射波长与其最高占据分子轨道（HOMO）和最低未占分子轨道（LUMO）的能级差密切相关。近红外分子通常具有很低的 HOMO-LUMO 能级差。因此，降低 HOMO-LUMO 能级差是将 AIE 分子的荧光延长到近红外区域的关键。构建近红外 AIE 分子的常用策略有延长分子共轭长度和构建具有强电子推拉（D-A）效应的分子骨架。

增加分子的共轭长度是常见的有效降低能级差使荧光分子的吸收和发射波长红移的方法。三苯胺和四苯基乙烯的苯环基团之间在空间上具有较大的扭转角度，是常见的构建 AIE 分子的基元。然而，这两个基团吸收和发射波长往往较短，大多在紫外和可见光区域。要实现其近红外的荧光需要引入较大的共轭基团。花二酰亚胺、BODIPY 等经典的 ACQ 基元通常具有较大的共轭体系，将三苯胺和四苯基乙烯构筑单元引入其骨架中，可以大大增加共轭长度，降低 HOMO-LUMO 能级差，实现近红外的荧光发射。当四个四苯基乙烯基团连接在萘二酰亚胺上，分子的 HOMO-LUMO 能级差减小为 1.79 eV，其荧光发射峰为 800 nm。四苯基乙烯基团的引入可以有效地扭曲分子构象，避免分子间强烈的 π-π 相互作用，使分子具有 AIE 性质[20]。

此外，具有强 D-A 效应的分子有利于电荷更有效地分离，从而减小 HOMO-LUMO 能级差，使分子的荧光发射在近红外区域[21]。苯并双噻二唑（BBTD）是常见的强电子受体。在其基础上连接两个具有供电子能力的四苯基乙烯基团可得到近红外 AIE 分子 BPBT，其最大发射波长达到 810 nm[22]。增强受体的吸电子能力可以增强 D-A 作用，减小能级差，使荧光发生红移。当 BBTD 中的一个 S 被 Se 代替，得到的 AIE 分子发射波长可以红移到 900 nm[23]。同时，增加给体的供电子能力也能增强 D-A 作用，减小能级差。当 BBTD 的两端连接较强供电子能力的三苯乙烯基三苯胺基团时，得到的 AIE 分子 TB1 的荧光发射峰为 975 nm；进一步连接供电子能力更强的基团，AIE 分子内的电荷分离效果大大加强，HOMO-LUMO 的能级差也继续减少到 1.15 eV，其荧光发射峰从近红外 I 区红移到 1034 nm[24]。

国内外报道的用于近红外荧光成像的 AIE 分子示例如图 11-3 所示。荧光分子的发射波长越长，分子内的电荷转移作用越强，往往造成激发态和基态的能级发生振动重叠和对称禁阻跃迁，使得荧光分子的量子产率降低。因此，许多近红外分子，特别是 NIR-II 分子的荧光量子产率较弱。AIE 分子在聚集态下独特的发光性能为提高分子荧光强度提供了新思路。例如，2TT-*m*C6B 和 2TT-*o*C6B 分子是一对异构体，不同的空间构型赋予了它们完全相反的发光性质（图 11-4）。2TT-*m*C6B 在聚集态下的荧光强度大大弱于单分散态，表现出 ACQ 现象；而 2TT-*o*C6B 聚集态的荧光强度比单分散态高 6 倍，表现出典型的 AIE 性质[15]。理论计算显示，2TT-*m*C6B 分子中噻吩基团和 BBTD 的二面角仅为 1°，表明分子具有较为平面的构型，在聚集态下强烈的分子间 π-π 相互作用使得荧光猝灭。相反地，2TT-*o*C6B 分子对应的二面角为 48°，扭曲的空间构型限制了分子间的 π-π 堆积，使激发态能量以荧光方式耗散。当引入体积更大的

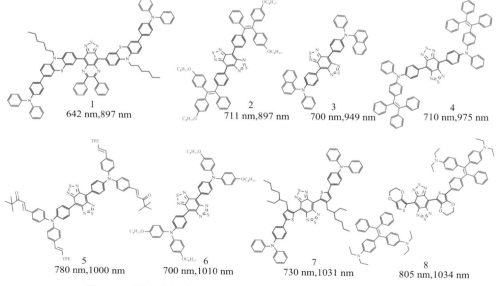

图 11-3　国内外报道的用于近红外荧光成像的 AIE 分子示例[21]

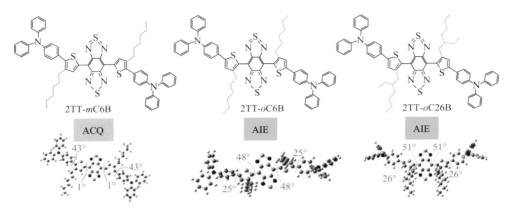

图 11-4　调节空间构型构建近红外 AIE 分子的策略示例[25]

烷基时，分子的空间构型更加扭曲，进而表现出更加突出的 AIE 性质和更高的发光效率[25]。

　　在以上策略的指导下，一系列不同荧光波长和结构多样的近红外 AIE 分子被设计合成出来，并广泛应用在生物荧光成像领域。这些 AIE 分子的开发不仅丰富了 AIE 的结构种类和骨架类型，加深了人们对聚集体科学的理解，也大大促进了荧光成像的实际应用。

11.4　近红外聚集诱导发光分子在生物成像中的应用

11.4.1　近红外聚集诱导发光分子在细胞细菌成像中的应用

　　细胞是生命体的基本单元，细胞的新陈代谢活动与许多疾病密切相关。研究细胞的活动对于疾病的诊断治疗至关重要。荧光成像已成为疾病病理学研究不可或缺的方法。AIE 材料克服了传统荧光分子的局限，具有生物相容性好、发光效率高、光稳定性好等优势。基于 AIE 分子的发光机制，AIE 分子和细胞的亚细胞器、蛋白质等结合后，其分子运动会受限，从而发光强度会大大增强。因此，AIE 分子在细胞成像领域展现出独特的优势。唐本忠课题组设计了一个带有两个正电荷且具有深红-近红外荧光的 AIE 分子[26]。这个分子能够快速嵌插在细胞膜上，其分子振动被膜的磷脂分子限制而显示出明亮的荧光。高强度的荧光使成像效果良好，同时，深红-近红外荧光与细胞自身的荧光没有重叠，避免了背景荧光对成像结果的影响，使成像结果更加准确［图 11-5（a）］。同时，在 100 次激光照射后，AIE 分子的荧光强度几乎不变。相反地，商业染料在经历同样次数照射后，荧光强度下降为原来的 50%。AIE 分子优异的抗光漂白现象使其在荧光成像领域具有巨大的应用价值。此外，近红外的 AIE 分子还能对多种细胞器，如溶酶体、脂滴、线粒体和细胞核等，进行荧光成像[27-30]。为了进一步提高成像的精准性，具有双光子成像功能的近红外 AIE 分子也被开发出来[31-33]。双光子技术是用两个光子来激发荧光分子的技术，可以很好地解决激发光源穿透深度不足的问题。由于双光子技术的激光波长通常大于 800 nm，在此条件下，细胞自发荧光背景干扰小，成像的准确性显著提高[34]。

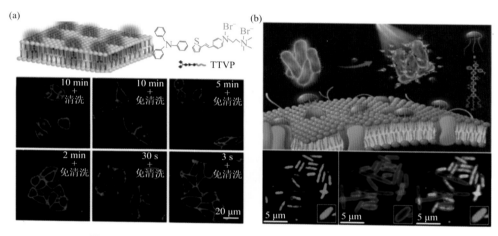

图 11-5　AIE 分子对细胞膜（a）和细菌膜（b）成像的示意图

　　细菌在人类的生活中无处不在，在人类的生活和生产中扮演着非常重要的角色。一些细菌在食品工业、环境工业和人类新陈代谢中发挥积极的作用，而另一些细菌则具有致病性，会引起人体的各种疾病，严重威胁着人类的生命健康。因此，对细菌种类进行识别，并研究细菌的生命活动具有重大的意义。荧光成像为我们提供了简便直观的方式来观测研究细菌，近红外 AIE 分子在此方面具有许多成功的例子[35-37]。Liu 课题组报道了一个靶向细菌膜的近红外 AIE 分子，该分子的一段带有三个长烷基链，能够和细菌膜牢牢地结合［图 11-5（b）］[38]。有意思的是，这个分子只结合在细菌膜上，而不会作用在人体正常细胞。这个工作为抗菌药物开发提供了基础。AIE 分子也可以对不同种类细菌进行选择性成像。唐本忠课题组发现 TTPy 分子在革兰氏阳性菌中具有明显的荧光，而在革兰氏阴性菌中荧光十分微弱，表明 TTPy 分子特异性地进入革兰氏阳性菌，对革兰氏阳性菌进行选择性成像。这为细菌种类区分提供了简便的方法。此外，近红外 AIE 分子还在真菌成像中具有良好的性能[39]。

11.4.2　近红外聚集诱导发光分子在小鼠成像中的应用

癌症是人类生命和健康的头号杀手，全球每年因癌症而死亡的人数接近千万。并且，癌症的发病率和死亡率逐年升高，发病人群也越来越低龄化。因此，对癌症的早期预防及高效精准的诊断和治疗尤为重要。虽然在细胞层次方面，对癌症的发病机制、癌细胞的代谢途径等已经有了比较深入的了解，但是这些研究在活体中的案例仍然较少。相比于紫外可见光，近红外光具有非常强的组织穿透能力，因此，近红外的分子非常适合在活体方面对癌症进行研究。近年来，近红外的 AIE 分子以其聚集态高效的发光性能在小鼠的皮下瘤、原位瘤和转移瘤等成像方面取得了显著的效果[40]。近红外 AIE 分子通常被包裹在两亲性高分子中形成粒径为几十纳米到一两百纳米的纳米颗粒 [图 11-6（a）]。包覆在纳米颗粒中不仅使近红外 AIE 分子表现出明亮的荧光，还能改善其生物相容性。由于癌细胞具有更高的 EPR 效应，纳米颗粒在小鼠的肿瘤位置富集，使肿瘤部位被特异性点亮。随着时间增加，小鼠肿瘤部位的荧光强度越来越强，在尾静脉注射 12 h 后，小鼠的肿瘤部位清晰可见[41]。类似地，将 AIE 分子包覆在具有靶向基团的聚合物中，得到的纳米颗粒能够穿透血脑屏障，达到脑胶质瘤[42]。如图 11-6（b）所示，AIE 分子明亮的荧光可以将肿瘤的边界与正常的健康组织区分开来。这个精确的成像结果可用于精确识别高度浸润的脑胶质瘤细胞，并指导后续的肿瘤精准消除和治疗。Xiao 课题组利用人血清蛋白和近红外 AIE 分子来制备纳米颗粒[43]。蛋白质紧密地包裹着 AIE 分子，限制了 AIE 分子的运动，使 AIE 分子具有明亮的荧光。该纳米颗粒具有非常强的组织穿透能力，不仅提供了小鼠结肠原发肿瘤的高特异性成像信息，还显示出了肿瘤转移的病变位点。淋巴系统在生物体免疫系统中发挥着重要作用。淋巴结肿大、发炎、感染等症状通常会引起淋巴系统功能的紊乱，进而造成生命体的各种疾病。并且，癌细胞的转移通常是伴随着淋巴系统进行的。Hong 课题组成功地用近红外 AIE 分子对小鼠的淋巴系统进行成像[44]。如图 11-6（d）所示，当 AIE 分子注射到小鼠体内后，小鼠的荧光信号随着时间增加不断增强，在注射 48 h 后，肿瘤部位和淋巴结通过荧光成像能够清晰地表现出来。值得注意的是，成像结果显示初始的肿瘤区域只有一个，而在 48 h 后肿瘤由两个独立的肿瘤组织块组成：其中一个是原来的肿瘤（大小为 2.38 mm^3），另一个是肿瘤细胞转移而形成的病灶（大小为 1.56 mm^3）。通过近红外 AIE 分子的荧光成像不仅可以轻松区分肿瘤组织和正常组织，还能显示出肿瘤转移的位点，有利于清晰准确地指导手术切除肿瘤组织。

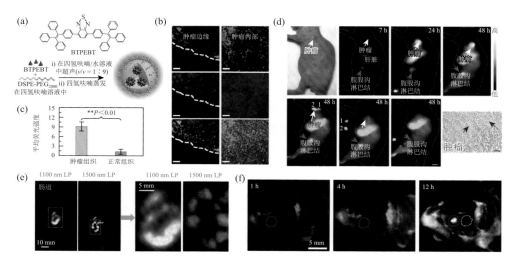

图 11-6　（a）包覆近红外 AIE 分子的纳米颗粒形成示意图；（b）AIE 纳米颗粒对小鼠脑胶质瘤和正常组织的成像结果；（c）肿瘤组织和正常组织的荧光强度对比分析；AIE 纳米颗粒对小鼠肿瘤和淋巴结系统（d）、肠道（e）和大脑（f）的成像示意图

　　近红外光具有非常强的组织穿透能力，特别是近红外二区的分子的穿透深度可达几百微米，甚至厘米程度。因此，近红外的 AIE 分子也可以用于老鼠组织或者器官的荧光成像[45, 46]。将包裹 AIE 分子的聚合物纳米颗粒进行深层肠道的荧光成像，灌胃 0.5 h 后，通过荧光可以清晰见到小鼠的回肠结构［图 11-6（e）］[25]。与 1100 nm 通道下观察到的模糊图像相比，1500 nm 通道的结果具有更清晰的组织特征分辨率。唐本忠课题组用包覆 AIE 分子的纳米颗粒对小鼠脑炎症部位进行成像[15]，尾静脉注射纳米颗粒后，炎症部位的荧光逐渐增强，并在第 12 h 达到最强，而正常的健康组织基本上没有荧光［图 11-6（f）］。相比之下，临床批准的近红外染料吲哚菁绿（ICG）在炎症部位荧光较弱，无法有效地区分发炎组织和健康组织。包覆 AIE 分子的纳米颗粒可以进入脂肪干细胞中，而不对细胞本身产生影响。基于此，近红外的 AIE 分子可以在后肢缺血的小鼠体内长时间追踪脂肪干细胞的活动。AIE 分子的成像结果清晰地表明小鼠体内脂肪干细胞的生存和再生周期长达 42 天，这是外源荧光物质在小鼠体内对细胞追踪持续的最长时间。这项研究证实了 AIE 分子优异的稳定性和生物相容性，能够实现对干细胞的精确和长期跟踪，在临床转化方面具有巨大潜力[47]。

　　血管的实时成像提供的血管结构和血液动力学信息是早期中风诊断中非常重要的评估指标。但是，对血管进行实时成像需要荧光具有较深的组织穿透能力和较高成像分辨率。AIE 分子在聚集态的荧光会显著增强，因此，近红外 AIE 分子在血管成像方面表现出了非常优异的效果[48-50]。唐本忠课题组利用包覆近红外 AIE 分子的纳米颗粒对小鼠的血管进行荧光成像[25]。在纳米颗粒中，AIE 分子处于紧密堆积的状态，其分子运动受到限制而发射较强的荧光。在 1500 nm 长通滤光片下得到了非常清晰的小鼠全身血管结果。然而，在 1100 nm 通道处血管成像结果比较模糊。这是因为 1500 nm 的荧光具有更强的组织穿透能力，可以大大减少小鼠自身荧光的干扰。同时，该近红外 AIE 分子在成像方面也具有较高的分辨率，将这个 AIE 分子用于小鼠脑血管成像中，在荧光成像图中宽度为 10 μm 的脑血管也能清晰地分辨出来。

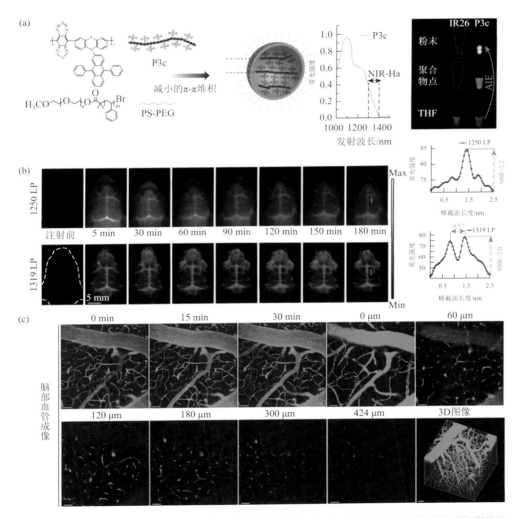

图 11-7 （a）近红外 AIE 聚合物纳米颗粒形成示意图；（b）AIE 聚合物纳米颗粒对小鼠脑血管实时成像示意图；（c）小分子 AIE 纳米颗粒对脑部血管的实时和不同深度的荧光成像以及三维血管成像示意图

此外，Wu 的课题组将近红外 AIE 聚合物 P3c 用于小鼠脑血管成像［图 11-7（a）和（b）］[51]。他们将 P3c 包覆在两亲聚合物来增加 AIE 纳米材料的生物相容性，在 1319 nm 的荧光区域具有分辨率非常高的脑血管的成像结果。实验结果也表明长波长的荧光成像结果显著优于较短波长的通道。虽然近红外 AIE 分子的荧光发射在近红外 I 区甚至近红外 II 区，但其激发波长比发射波长小很多，降低了近红外 AIE 分子的成像效果。双光子技术可以大大增强荧光分子的激发波长，可用于双光子成像的近红外的 AIE 分子解决了这一难题[52]。唐本忠课题组利用近红外 AIE 分子的双光子荧光成像技术展示了在小鼠大脑不同时间和深度的血管结构信息［图 11-7（c）］。图中大脑主要血管和较小的毛细血管都可以清楚地看到，并且，该成像结果具有很高的清晰度，血管的分辨率可以达到 400 μm。此外，通过该技术还建立了大脑血管和颅骨骨髓的三维分布结构图。同时，AIE 分子还能实现三光子荧光成像，得到分辨率更高的三维血管成像图。这些工作充分验证了近红外 AIE 分子在活体多光子生物成像中的优异性能，促进更多关于体内多光子成像工作的开展。

11.4.3　近红外聚集诱导发光分子在其他动物成像中的应用

近红外 AIE 分子由于具备优异的光学特性，不仅普遍应用在小鼠体系中，还在斑马鱼、兔子和狨猴等体系中也展现出不错的成像效果。Liu 课题组使用包覆近红外 AIE 分子 TPETPAFN 的纳米颗粒在斑马鱼中研究人的癌细胞转移过程［图 11-8（a）］。7 个临床样本的癌细胞被 AIE 纳米颗粒标记后，移植到了 GFP 阳性斑马鱼中。通过荧光成像可知，与未经处理的癌细胞相比，药物（紫杉醇）预处

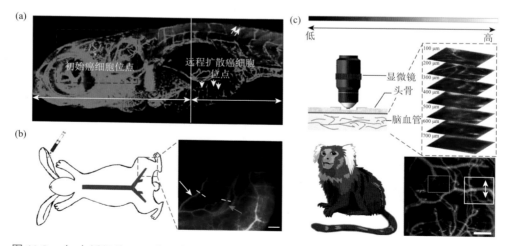

图 11-8　（a）近红外 AIE 分子在斑马鱼中研究恶性肿瘤细胞分化的示意图；（b）兔子血管成像；（c）近红外 AIE 分子在狨猴脑血管中的荧光成像示意图

理的癌细胞在移植后具有明显较低的细胞密度，表明了紫杉醇的良好抗癌作用，也提供了评估药物生理性能的有效平台。同时，在监测期间也发现，移植的卵巢癌细胞通过大脑沿肠道血管系统的远端细胞转移，并成功地从良性肿瘤中分化[53]。这些结果与临床验证一致，证实了 AIE 分子能够在斑马鱼中识别恶性和转移性的细胞，为未来的临床癌症预后提供可靠的方法。Li 课题组制备了发射波长为 1064 nm 的 AIE 纳米颗粒，纳米颗粒的平均粒径为 33 nm，可以对老鼠的血管进行成像。同时他们还将该纳米颗粒用于兔子模型，得到了兔子后腿不同深度的高分辨率血管成像图，血管的成像深度可达 1 cm[54]。

Qian 课题组将近红外 AIE 分子的成像拓展到了灵长类猕猴，来观测其脑血管系统［图 11-8（c）］[55]。静脉注射 AIE 纳米颗粒后，通过穿薄颅骨断层扫描血管造影技术，他们在血管中收集了超过 1100 nm 的荧光发射。减薄头骨下方的成像深度最终达到了近 700 μm，并且在 200 μm 处清晰地识别出直径 5.2 μm 的毛细血管。此外，在猕猴身上还观察到脑栓塞后的脑血管改变。实时成像结果表明在连续激光照射下可见到非常明显的皮质脉管系统的阻塞，以及其他侧支的血流停滞甚至回流的现象。同时，他们还对猕猴的肠道进行了荧光成像。喂食含有近红外 AIE 分子的食物 1 h 后，荧光图像中的肠道的成像效果非常清晰，可以分辨出肠道锐利边缘，并且肠道之间的间隙能被准确测定为 1.04 mm。有意思的是，在喂食或者注射近红外 AIE 分子后，猕猴的呼吸频率和心率、肝胆排泄途径等表现正常，揭示了近红外 AIE 分子对猕猴肝肾功能或外周血细胞无明显影响，具有良好的生物相容性。这项工作是近红外荧光成像技术首次应用于灵长类哺乳动物，对生物荧光成像的实际应用与发展具有不可估量的意义。

11.5　展望

经过多年来不断的探索，一系列具有近红外荧光的 AIE 分子被设计合成出来，并广泛地应用在从细胞到小鼠、猕猴等哺乳动物的荧光成像领域。这些应用证实了近红外 AIE 分子优异的发光性能，在荧光成像中具有非常显著的优势。但是，近红外 AIE 分子在成像领域仍存在问题和挑战。大部分近红外 AIE 分子的激发和发射波长处于近红外 I 区或者仅仅发射波长处于 II 区，这些较短波长的 AIE 分子在生物体内的荧光成像中仍然受到限制。因此，需要设计和开发激发和发射波长处于 II 区的 AIE 分子，或者具有双光子/多光子吸收的 AIE 分子。另外，现阶段大部分生物荧光成像的动物模型是鼠类，在其他哺乳动物中的成像很少进行，为了推动 AIE 分子在临床方面的应用，需要进一步大量开展在更高等的哺乳动物中的应用，从而检测 AIE 分子的生物安全性和成像效果。此外，目前的成像对象仅限于肿瘤、血管等，作为新兴的成像材料，需要将 AIE 分子应用到更多的器官组织成像以及疾病诊断中，拓展 AIE 分子的应用范围。

参 考 文 献

[1]　Adams S R，Harootunian A T，Buechler Y J，et al. Fluorescence ratio imaging of cyclic AMP in single cells. Nature，1991，349：694-697.

[2]　Kobayashi H，Ogawa M，Alford R，et al. New strategies for fluorescent probe design in medical diagnostic imaging. Chemical Reviews，2010，110：2620-2640.

[3]　Han H H，Tian H，Zang Y，et al. Small-molecule fluorescence-based probes for interrogating major organ diseases. Chemical Society Reviews，2021，doi：10.1039/D0CS01183E.

[4]　Shi Z，Han X，Hu W，et al. Bioapplications of small molecule Aza-BODIPY：From rational structural design to *in vivo* investigations. Chemical Society Reviews，2020，49：7533-7567.

[5]　Wöll D，Flors C. Super-resolution fluorescence imaging for materials science. Small Methods，2017，1：1700191.

[6]　Schäferling M. The art of fluorescence imaging with chemical sensors. Angewandte Chemie International Edition，2012，51：3532-3554.

[7]　Diao S，Blackburn J L，Hong G，et al. Fluorescence imaging *in vivo* at wavelengths beyond 1500 nm. Angewandte Chemie International Edition，2015，54：14758-14762.

[8]　Li C，Chen G，Zhang Y，et al. Advanced fluorescence imaging technology in the near-infrared-II window for biomedical applications. Journal of American Chemical Society，2020，142：14789-14804.

[9]　Wang S，Li B，Zhang F. Molecular fluorophores for deep-tissue bioimaging. ACS Central Science，2020，6：1302-1316.

[10]　Kenry，Duan Y，Liu B. Recent advances of optical imaging in the second near-infrared window. Advanced Materials，2018，30：1802394.

[11]　Xu W，Wang D，Tang B Z. NIR-II AIEgens：A win–win integration towards bioapplications. Angewandte Chemie International Edition，2021，60：7476-7487.

[12]　Hong Y，Lam J W Y，Tang B Z. Aggregation-induced emission. Chemical Society Reviews，2011，40：5361-5388.

[13]　Li J，Wang J，Li H，et al. Supramolecular materials based on AIE luminogens（AIEgens）：Construction and applications. Chemical Society Reviews，2020，49：1144-1172.

[14]　Mei J，Leung N L C，Kwok R T K，et al. Aggregation-induced emission：Together we shine，united we soar！Chemical Reviews，2015，115：11718-11940.

[15]　Liu S，Chen C，Li Y，et al. Constitutional isomerization enables bright NIR-II AIEgen for brain-inflammation imaging. Advanced Functional Materials，2020，30：1908125.

[16]　Mei J，Hong Y，Lam J W Y，et al. Aggregation-induced emission：The whole is more brilliant than the parts. Advanced Materials，2014，26：5429-5479.

[17]　Zhang H，Zhao Z，Turley A T，et al. Aggregate science：From structures to properties. Advanced Materials，2020，32：2001457.

[18]　Suzuki S，Sasaki S，Sairi A S，et al. Principles of aggregation-induced emission：Design of deactivation pathways for advanced AIEgens and applications. Angewandte Chemie International Edition，2020，59：9856-9867.

[19]　Zhao Z，Zhang H，Lam J W Y，et al. Aggregation-induced emission：New vistas at the aggregate level. Angewandte

Chemie International Edition，2020，59：9888-9907.

[20] Xie N H，Li C，Liu J X，et al. The synthesis and aggregation-induced near-infrared emission of terrylenediimide–tetraphenylethene dyads. Chemical Communications，2016，52：5808-5811.

[21] Liu S，Li Y，Kwok R T K，et al. Structural and process controls of AIEgens for NIR-Ⅱ theranostics. Chemical Science，2021，12：3427-3436.

[22] Liu J，Chen C，Ji S，et al. Long wavelength excitable near-infrared fluorescent nanoparticles with aggregation-induced emission characteristics for image-guided tumor resection. Chemical Science，2017，8：2782-2789.

[23] Wu W，Yang Y，Yang Y，et al. Molecular engineering of an organic NIR-Ⅱ fluorophore with aggregation-induced emission characteristics for *in vivo* imaging. Small，2019，15：1805549.

[24] Lin J，Zeng X，Xiao Y，et al. Novel near-infrared Ⅱ aggregation-induced emission dots for *in vivo* bioimaging. Chemical Science，2019，10：1219-1226.

[25] Li Y，Cai Z，Liu S，et al. Design of AIEgens for near-infrared Ⅱb imaging through structural modulation at molecular and morphological levels. Nature Communications，2020，11：1255.

[26] Wang D，Su H F，Kwok R T K，et al. Rational design of a water-soluble NIR AIEgen，and its application in ultrafast wash-free cellular imaging and photodynamic cancer cell ablation. Chemical Science，2018，9：3685-3693.

[27] Hu F，Liu B. Organelle-specific bioprobes based on fluorogens with aggregation-induced emission（AIE）characteristics. Organic Biomolecule Chemistry，2016，14：9931-9944.

[28] Yu C Y Y，Zhang W，Kwok R T K，et al. A photostable AIEgen for nucleolus and mitochondria imaging with organelle-specific emission. Journal of Materials Chemistry B，2016，4（15）：2614-2619.

[29] Hu Q，Gao M，Feng G，et al. Mitochondria-targeted cancer therapy using a light-up probe with aggregation-induced-emission characteristics. Angewandte Chemie International Edition，2014，53：14225-14229.

[30] Zhang J，Wang Q，Guo Z Q，et al. High-fidelity trapping of spatial–temporal mitochondria with rational design of aggregation-induced emission probes. Advanced Functional Materials，2019，29（16）：1808153.

[31] Zheng Z，Zhang T，Liu H，et al. Bright near-infrared aggregation-induced emission luminogens with strong two-photon absorption，excellent organelle specificity，and efficient photodynamic therapy potential. ACS Nano，2018，12：8145-8159.

[32] Gao Y，Feng G，Jiang T，et al. Biocompatible nanoparticles based on diketo-pyrrolo-pyrrole（DPP）with aggregation-induced red/NIR emission for *in vivo* two-photon fluorescence imaging. Advanced Functional Materials，2015，25：2857-2866.

[33] Zhen S，Wang S，Li S，et al. Efficient red/near-infrared fluorophores based on benzo1, 2-b：4, 5-b′dithiophene 1, 1, 5, 5-tetraoxide for targeted photodynamic therapy and *in vivo* two-photon fluorescence bioimaging. Advanced Functional Materials，2018，28：1706945.

[34] Qi J，Sun C，Li D，et al. Aggregation-induced emission luminogen with near-infrared-Ⅱ excitation and near-infrared-I emission for ultradeep intravital two-photon microscopy. ACS Nano，2018，12：7936-7945.

[35] Bai H，Liu Z，Zhang T，et al. Multifunctional supramolecular assemblies with aggregation-induced emission（AIE）for cell line identification，cell contamination evaluation，and cancer cell discrimination. ACS Nano，2020，14：7552-7563.

[36] Shi X，Sung S H P，Chau J H C，et al. Killing G（+）or G（−）bacteria？The important role of molecular charge in AIE-active photosensitizers. Small Methods，2020，4：2000046.

[37] Zhou C C，Peng C，Shi C Z，et al. Mitochondria-specific aggregation-induced emission luminogens for selective photodynamic killing of fungi and efficacious treatment of keratitis. ACS Nano，2021，doi: 10.1021/acsnano. 1c03508.

[38] Chen H，Li S，Wu M，et al. Membrane-anchoring photosensitizer with aggregation-induced emission characteristics for combating multidrug-resistant bacteria. Angewandte Chemie International Edition，2020，59：632-636.

[39] Kang M，Zhou C，Wu S，et al. Evaluation of structure–function relationships of aggregation-induced emission luminogens for simultaneous dual applications of specific discrimination and efficient photodynamic killing of gram-positive bacteria. Journal of American Chemical Society，2019，141：16781-16789.

[40] Ding D，Li K，Qin W，et al. Conjugated polymer amplified far-red/near-infrared fluorescence from nanoparticles with aggregation-induced emission characteristics for targeted *in vivo* imaging. Advanced Healthcare Materials，2013，2：500-507.

[41] Dai J，Li Y，Long Z，et al. Efficient near-infrared photosensitizer with aggregation-induced emission for imaging-guided photodynamic therapy in multiple xenograft tumor models. ACS Nano，2020，14：854-866.

[42] Cai X，Bandla A，Chuan C K，et al. Identifying glioblastoma margins using dual-targeted organic nanoparticles for efficient *in vivo* fluorescence image-guided photothermal therapy. Materials Horizons，2019，6：311-317.

[43] Gao S，Wei G，Zhang S，et al. Albumin tailoring fluorescence and photothermal conversion effect of near-infrared-II fluorophore with aggregation-induced emission characteristics. Nature Communications，2019，10：2206.

[44] Qu C，Xiao Y，Zhou H，et al. Quaternary ammonium salt based NIR-II probes for *in vivo* imaging. Advanced Optical Materials，2019，7：1900229.

[45] Du J，Liu S，Zhang P，et al. Highly stable and bright NIR-II AIE dots for intraoperative identification of ureter. ACS Applied Materials Interface 2020，12：8040-8049.

[46] Ni X，Zhang X，Duan X，et al. Near-infrared afterglow luminescent aggregation-induced emission dots with ultrahigh tumor-to-liver signal ratio for promoted image-guided cancer surgery. Nano Letters，2019，19：318-330.

[47] Ding D，Mao D，Li K，et al. Precise and long-term tracking of adipose-derived stem cells and their regenerative capacity via superb bright and stable organic nanodots. ACS Nano，2014，8：12620-12631.

[48] Qi J，Sun C，Zebibula A，et al. Real-time and high-resolution bioimaging with bright aggregation-induced emission dots in short-wave infrared region. Advanced Materials，2018，30：1706856.

[49] Zheng Z，Li D，Liu Z，et al. Aggregation-induced nonlinear optical effects of AIEgen nanocrystals for ultradeep *in vivo* bioimaging. Advanced Materials，2019，31：1904799.

[50] Wang S，Hu F，Pan Y，et al. Bright AIEgen–protein hybrid nanocomposite for deep and high-resolution *in vivo* two-photon brain imaging. Advanced Functional Materials，2019，29：1902717.

[51] Zhang Z，Fang X，Liu Z，et al. Semiconducting polymer dots with dual-enhanced NIR-IIa fluorescence for through-skull mouse-brain imaging angewandte chemie international edition. Angewandte Chemie International Edition，2020，59：3691-3698.

[52] Ding D，Goh C C，Feng G，et al. Ultrabright organic dots with aggregation-induced emission characteristics for real-time two-photon intravital vasculature imaging. Advanced Materials，2013，25：6083-6088.

[53] Teh C，Manghnani P N，Boon G N H，et al. Bright aggregation-induced emission dots for dynamic tracking and grading of patient-derived xenografts in zebrafish. Advanced Functional Materials，2019，29：1901226.

[54] Li Y，Hu D，Sheng Z，et al. Self-assembled AIEgen nanoparticles for multiscale NIR-II vascular imaging. Biomaterials，2021，264：120365.

[55] Feng Z，Bai S，Qi J，et al. Biologically excretable aggregation-induced emission dots for visualizing through the marmosets intravitally：Horizons in future clinical nanomedicine. Advanced Materials，2021，33：2008123.

聚集诱导发光材料在光热诊疗
方向的优势及研究进展

12.1 引言

光热治疗（photothermal therapy，PTT）最早起源于激光间质治疗（laser interstitial thermal therapy，LITT），这种将激光光纤置于病灶通过热损伤诱导细胞死亡的方法在多种肿瘤疾病治疗中被证实有效。但是，LITT 的应用也受到极大限制，包括对高功率密度的要求、对肿瘤的非选择性以及对正常组织不可避免的损伤。因此，具有高光热转换效率的纳米制剂被广泛开发并应用于光热治疗。这种基于光敏剂的光热治疗是一种高效的治疗方式，其基本过程为：首先对患者进行系统或者局部给药，待光敏剂在病变部位富集以后，用特定波长的光照射病变部位，使聚集在病变部位的光敏剂产生高温，从而破坏细胞结构引起细胞凋亡，最终达到消除肿瘤的目的[1]。一般认为，温度达到45℃即可有效杀伤细胞。相对于光动力治疗，光热治疗起步较晚，但相比于活性氧，热的传递效率和杀伤效率更高，因此光热治疗的效果更好。此外，热信号还可以被有效采集用于光热成像（photothermal imaging，PTI），便于进行治疗监控[2]。

光声成像（photoacoustic imaging，PAI）是一种建立在光声效应上的成像模式，是指当介质由于温度升降诱导瞬态热弹性膨胀从而产生宽带声波的成像方式[3]。光声成像是一种新兴的、无创的和非电离的生物医学成像模式，它可以提供高穿透深度和高空间分辨率的 3D 图像，特别是在近红外 I 区和 II 区，光声成像的穿透深度可分别高达 5 cm 和 11 cm[4, 5]。目前，光声成像已成功用于肿瘤成像、脑血流动力学变化、血管结构可视化等方向的研究。

之前的研究已经证实，成像指导的治疗可以在很大程度上提高诊断的准确性和治疗的高效性，尤其是在临床医学中，对微末组织的准确识别和去除是治疗癌症并抑制癌症转移和复发的重要手段[6]。因此，开发高效的光热诊疗制剂，尤其是具有高光热转换效率、肿瘤靶向性、多模态成像模式等性质的光热诊疗制剂，是当务之急。目前，除了已有的一些材料，如金棒[7]、多巴胺[8, 9]、半导体聚合物等[10]，AIE 光敏剂也被报道具有较好的光热诊疗效果。

12.2 ▶ AIE 光敏剂在光热诊疗中的应用现状

光诊疗是基于吸收光转换为不同形式的能量和信号进行疾病诊断和治疗。光敏剂的激发态能量耗散途径是诊疗模式和效率的主要决定因素，根据 Jablonski 能级图将激发态能量耗散途径分为三种[11]：当被吸收的光子作为低能量光子重新发射时，它可以提供高灵敏度和时空分辨率的荧光或磷光成像；当被吸收的光子通过振动弛豫回到基态（S_0）时能量转化为局部热能，该过程可用于进行 PTI/PAI 和 PTT[12]；当单线态（S_1）的电子通过非辐射系间窜越过程转移到三线态（T_1）时，可产生用于光动力治疗的 ROS[13, 14]。能量的转化过程与分子内的运动密切相关，这对光物理性质有着重大影响，这些不同的光物理转变过程，会产生不同的成像和治疗效果。同时，这些不同的能量弛豫过程通常是相互竞争的，例如，为了提高光热效果，通常需要最大限度地提高振动弛豫，以促进热量产生。

相对于传统光敏剂，AIE 光敏剂具有高度可调的分子结构且聚集态性质随分子堆积状态不同而改变，因此，AIE 光敏剂在成像和治疗方面的表现可以通过分子结构设计并调整其聚集状态而进行改变。例如，通常 AIE 光敏剂在单分子状态下表现出微弱的荧光发射，但在聚集状态下具有较强荧光发射性能；AIE 光敏剂在聚集状态下内运动受阻，不利于产生热量，但系间窜越过程可能增强，有利于 ROS 的产生。由此可见，AIE 光敏剂的分子结构和聚集状态的影响是成像或治疗效果的决定性因素，而如何调控这三种能量耗散途径是重点和难点。因此，对于开展 AIE 光敏剂在光热诊疗方向的应用，无论是在微观尺度还是介观尺度都有很大的探索空间。

12.3 ▶ 提高 AIE 光敏剂光热转换效率的策略

根据 Jablonski 能级图可知，辐射跃迁和非辐射跃迁的光物理过程是彼此竞争的。当 AIE 光敏剂在聚集态下紧密堆积时，其分子内运动受到极大的抑制，结果导致荧光量子产率得到显著提升，但产热能力却大打折扣。为了打开 AIE 光敏剂在聚集态下的非辐射跃迁通道，一种新的分子设计理念被提出。该设计理念有悖于传统 AIE 光敏剂追求辐射跃迁的思路，反而致力于增强非辐射跃迁，从而实现光能到热能的转化。从分子结构设计的角度出发，增强分子在聚集态下的非辐射跃迁的方法目前主要有以下三种：一是利用分子间的强相互作用阻断辐射跃迁通路从而打开非辐射跃迁通路；二是利用官能团或化学键的运动来增强分子内运动从而诱导光热转换；三是通过侧链工程使分子在聚集态下的堆积更为疏松，保证转子的转动有利于热的产生。

12.3.1　分子间的强相互作用

平面结构的分子很容易通过分子间的相互作用形成 π-π 堆积，从而显著地猝灭荧光。根据 Jablonski 能级图，阻断辐射跃迁可以拓展非辐射跃迁通路，因此，构建平面结构的分子有望提高分子的光热转换效率。例如，Yan 等报道了一种超分子组装策略，通过调节卟啉-肽共轭物的分子相互作用，制备了 25 nm 左右的纳米点 PPP-NDs［图 12-1（a）］[15]。PPP-NDs 的吸收光谱表现出 420 nm 范围内的强吸收峰（Soret）和 500～750 nm 范围的若干个弱吸收峰（Q）波段的红移和展宽，证明 TPP 的 π-π 叠加促成了 PPP-NDs 的形成［图 12-1（b）］。进一步研究其光物理性质发现 TPP-G-FF 和 PPP-NDs 的量子产率分别为 0.062 和 0，这表明 TPP-G-FF 的荧光发射过程因强分子间相互作用被完全阻断。辐射跃迁的另一个竞争途径是 ROS 的产生，有趣的是，PPP-NDs 的单线态氧量子产率为 0，这也归功于组装体中强烈的 π-π 堆积作用，显著抑制了三线态的振动通道，最终导致 PPP-NDs 表现出较高的光热转换效率（54.2%）。

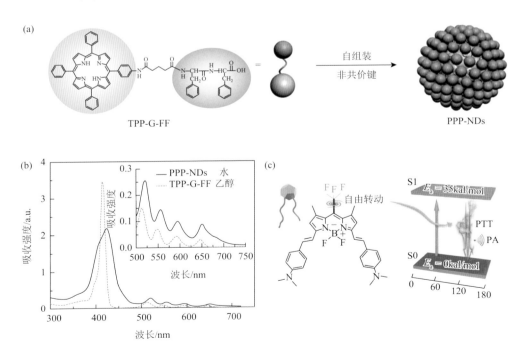

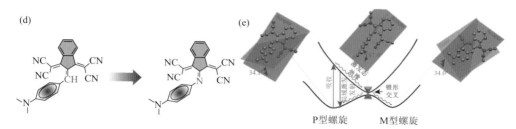

图 12-1 （a）TPP-G-FF 组装成 PPP-NDs 的示意图；（b）TPP-G-FF 和 PPP-NDs 的紫外可见吸收光谱；（c）tfm-BDP 的结构示意图和能级图；（d）分子马达的结构示意图；（e）能量转移模型

12.3.2 官能团或化学键的运动

除了通过阻断辐射跃迁的方法来增强非辐射跃迁，随着研究深入，人们发现通过增强官能团或化学键的运动来增强分子内运动是一种更加温和有效的方法。例如，有研究报道了一种通过引入无能垒基团增加分子动能来提高光热转换效率的方法[16]。他们合成了一种带有—CF₃基团的 BODIPY 衍生物（tfm-BDP），它可以在无能量屏障的情况下自由旋转，从而导致超高效的非辐射跃迁，最大限度地将光转化为热量。微观动力学研究表明，无论是在溶液态还是聚集态下，分子的二面角均主要分布在−180°和 180°之间，表明—CF₃基团的自由旋转运动不受空间位阻的限制［图 12-1（c）］。更重要的是，—CF₃基团处在 BODIPY 的中间位置，能够"无障碍"地旋转，为非辐射跃迁提供了一条通路，因此 tfm-BDP 表现出 88%的超高光热转换效率以及高质量的光声成像效果。

此外，Ni 等提出了利用双键的转动来提高光热转换效率的方法[17]。他们合成了一种基于亚氨基的分子马达，其双键扭转引起的分子内运动极易产生光诱导非辐射跃迁效应［图 12-1（d）］。在光照射下，由于 TICT 效应，双键被扭曲，光敏剂通过内部转换的圆锥形交点发生非辐射跃迁［图 12-1（e）］。令人惊讶的是，这种光敏剂具有近红外 I 区吸收和高达 90%的光热转换效率，这是有机/聚合物光敏剂中报道的最高的光热转换效率。因此，本研究中报道的光敏剂表现出比商用光敏剂吲哚菁绿（ICG）更好的肿瘤消除效果。

化学键的伸缩振动是指成键原子沿着键轴方向的运动，是一种高频的分子运动。虽然原子伸缩振动的距离仅为 0.01 nm 左右，但这种分子运动是自发且强烈的，非常有利于光热转换。基于此，唐本忠等进一步提出了化学键伸缩振动诱导光热转换的新概念[18]。研究者设计合成了 DCP-TPA 和 DCP-PTPA 两个 D-A 型共轭小分子，其中芳香胺作为电子给体单元，吡嗪作为受体单元和键伸缩振动器，目的是促进激发态下的分子内运动[图 12-2（a）]。通过测试 DCP-TPA 和 DCP-PTPA 分子在不同波数下的重组能以及键长、键角和二面角对重组能的贡献，发现吡嗪单元内 C—N 键的伸缩振动对增强分子激发态的能量耗散起关键性作用。相比于 DCP-TPA，DCP-PTPA 分子中引入了更多的苯环结构，使分子运动能力得到进一步增强 [图 12-2（b）]。得益于此，DCP-TPA 和 DCP-PTPA 的光热转换效率分别高达 52% 和 59%，且光声成像的信噪比高达 6.9 倍 [图 12-2（c）]。综上，由于化学键的伸缩振动自发且剧烈，利用化学键伸缩振动是在不受外界因素限制下获得

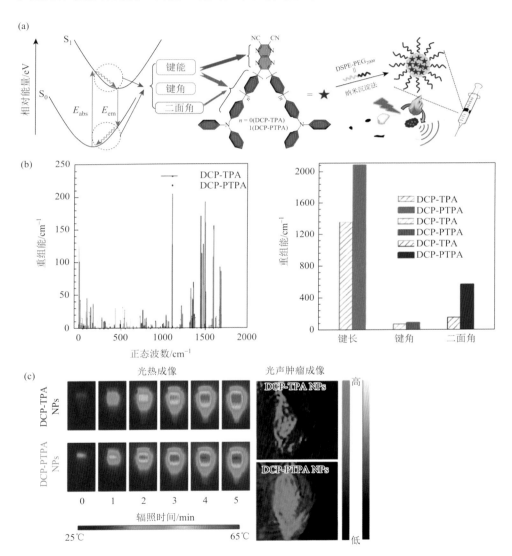

图 12-2 （a）DCP-TPA 和 DCP-PTPA 的分子结构、激发态运动模型和动物实验示意图；（b）DCP-TPA 和 DCP-PTPA 分子在不同波数下的重组能以及键长、键角和二面角对重组能的贡献；（c）DCP-TPA 和 DCP-PTPA 纳米粒子的光热成像和光声成像照片

光热转换的最简便和有效的方法，该研究为通过增加分子内运动来增强光热转换提供了一种全新的策略。

12.3.3 侧链工程

增加分子在聚集态下的堆积松散程度有助于增强分子内运动，通过引入柔软而细长的烷基链来保留一部分分子内运动，被认为是提高光热转换效率的有效方法。基于此，唐本忠课题组于 2021 年先后报道了两个系列分子，证明通过侧链工程可有效提高分子的光热转换效率。首先，以四苯乙烯（TPE）作为转子单元，以带长烷基链的萘二酰亚胺作为电子受体，构建了 NDTA、2TPE-NDTA 和 2TPE-2NDTA 三个分子。长烷基分叉型侧链的引入可以使处于聚集态下的分子彼此之间产生疏松的空间，以促进 TPE 基团的自由转动，转子和长烷基链同时引入被证实可以实现分子在聚集态下的活跃运动以及高效的非辐射跃迁[图 12-3（a）]。2TPE-NDTA 和 2TPE-2NDTA 纳米粒子的光热转换效率分别为 43.0% 和 54.9%，甚至超过了已知的明星有机半导体聚合物 SPNs [图 12-3（b）]。同时，NDTA 系列纳米粒子表现出强烈的光声信号，在小鼠活体近红外光声成像中得到了良好的成像效果 [图 12-3（c）][19]。

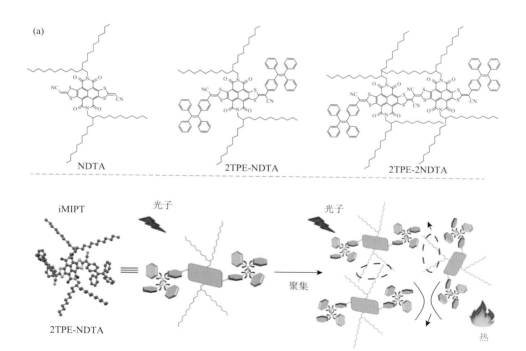

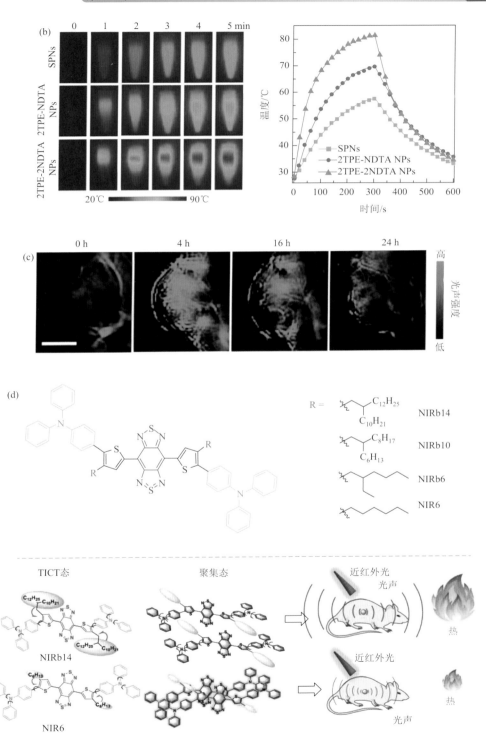

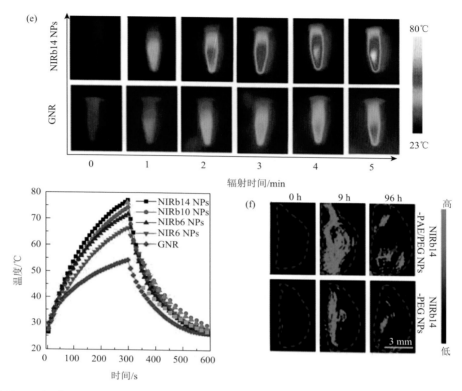

图 12-3 （a）NDTA 系列分子结构和聚集态下分子内运动诱导光热转换示意图；（b）808 nm 激光照射下 NDTA 系列纳米粒子的光热成像照片和温度-时间变化曲线；（c）2TPE-2NDTA 纳米粒子在肿瘤部位的光声成像照片；（d）NIR 系列分子的结构和聚集态下分子内运动诱导光热转换示意图；（e）808 nm 激光照射下 NIR 系列纳米粒子的光热成像照片和温度-时间变化曲线；（f）NIR 系列纳米粒子在肿瘤部位的光声成像照片

为了进一步完善侧链工程理论，唐本忠课题组又设计并合成了一系列窄带隙的 D-A 型共轭小分子 NIR6、NIRb6、NIRb10 和 NIRb14 ［图 12-3（d）］[20]，其中，苯并双噻二唑为强电子受体，噻吩为电子给体，三苯胺既作为电子给体又作为分子转子，支化长烷基链位于噻吩单元上。支化长烷基链的存在对聚集态分子运动和 TICT 性质的调节起到了至关重要的作用。在溶液态下，长烷基链有助于分子扭曲，有利于 TICT 态的形成；在聚集态下，烷基链的支化作用可以有效减弱分子间强相互作用，给分子内旋转提供空间，从而增强非辐射跃迁和光热转换效率。此外，作者还对支化烷基链的长度和支化位点做了研究，发现如果支化位阻过大，容易发生辐射跃迁，支化烷基链过短，则不能有效阻止分子间相互作用。从光热性能测试结果也可以看出，相对于直型烷基链分子 NIR6，分叉型烷基链分子 NIRb6、NIRb10 和 NIRb14 具有更好的光热转换性质，且烷基链越长，光热转换性质越好［图 12-3（e）］。另外，通过聚合物（PAE/PEG）包裹后，NIRb14 纳米粒子表现出更好的生物相容性和靶向性，表现出极佳的肿瘤消除结果，同时在光声成像实验中亦表现出强烈的光声信号［图 12-3（f）］。由此可见，通过侧链工程增加分子在聚集态下的运动空间是提高光热转换效率的有效方法，并且烷基链的长短和支化位点是影响光热效果的重要因素，这为后续合成具有优异光热诊疗效果的 AIE 光敏剂开辟了一条全新的道路。

综上所述，增加分子内运动是提高光热转换效率的核心方法，但以上报道中大多以牺牲荧光性能作为代价，即非辐射跃迁和辐射跃迁无法同时实现。对于 AIE 光敏剂来说，失去荧光性质无疑是失去了重要的应用方向。因此，如何平衡这三种能量耗散通道实现多模态诊疗于一体是更具挑战性但也更有意义的研究方向。

12.4　AIE 光敏剂在多模态成像指导的协同治疗中的应用前景

在实际临床应用中，仅通过单一模态的光学成像或单一模态的光学治疗仍然很难达到最佳的疾病诊疗效果[21, 22]。例如，荧光成像虽然具有较高的灵敏度，但其组织穿透深度和空间分辨率欠佳，光声成像的组织穿透深度和空间分辨率较好，但灵敏度较低且可视化程度较低；光动力治疗效果往往受制于肿瘤微环境的氧气浓度、活性氧的种类和传播距离限制而很难实现肿瘤的完全消除；光热治疗效果受制于热休克效应，而且局部升温过高还会对正常组织造成不可逆的副作用影响。基于以上，开发多模态成像指导的协同治疗在改善临床应用效果和实现个性化医疗中具有重要意义。

根据 Jablonski 能吸图可知激发态的能量主要有三条能量耗散路径（图 12-4），在吸收固定激发能量的情况下，这三种耗散途径总是相互竞争的，因此想在单个分子体系中平衡这三种能量，最终得到集合 FLI、PAI、PDT 和 PTT 的多模态成像指导的协同治疗是非常具有挑战性的。令人惊讶的是，通过准确控制 AIE 光敏剂的分子结构，调制其不同能量耗散途径之间的平衡，构建基于单一 AIE 光敏剂的全方位一体化的诊疗模式被证明是可行的。与传统的光敏剂分子相比，AIE 分子拥有独特的结构优势：首先，聚集态下的分子运动被限制，吸收的能量主要流向伴随荧光发射的辐射能量耗散途径以及通过系间窜越过程转变为活性氧，从而表现出较好的 FLI 和 PDT 效果；其次，AIE 分子固有的扭曲构象、螺旋桨形状和丰富的分子旋转器或振动器结构使其具有活跃的分子内运动，这能够使激发态能量通过非辐射跃迁消散，表现出较好的 PAI 和 PTT 效果。因此，当结构扭曲的 AIE 分子在聚集态下自然地呈现出相对疏松的排列方式时，AIE 分子的运动仅部分受到限制，辐射和非辐射能量耗散得到平衡，多模态成像和治疗将被同时激活。

这些特性使 AIE 光敏剂成为平衡能量耗散以及构建多模态成像指导的协同治疗的良好模板，有望实现前所未有的诊疗效果。

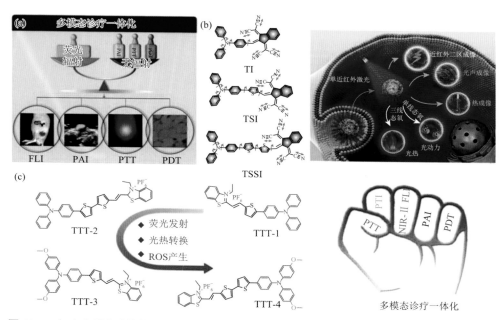

图 12-4 （a）多模态成像指导的协同治疗示意图；（b）TI、TSI 和 TSSI 分子结构示意图及其在近红外Ⅱ区 FLI-PAI-PTI 三种成像模式指导的 PDT-PTT 协同治疗中的示意图；（c）TTT 系列分子结构示意图及其在近红外Ⅱ区 FLI-PAI-PTI 三种成像模式指导的 PDT-PTT 协同治疗中的示意图

基于此，唐本忠课题组开发了一系列具有多模态诊疗性质的全能型的 AIE 光敏剂。例如，以 1,3-双（二氰基亚甲基）茚满作为电子受体、噻吩作为电子给体、三苯胺作为电子给体以及分子转子，设计合成了三个化合物 TI、TSI 和 TSSI［图 12-4（b）］[23]。三苯胺基元高度扭曲的构象能够延长聚集态下分子间的距离，实现相对松散的分子间堆积，有助于保留部分分子内转动，从而有利于提高分子在聚集态下的产热能力。同时，三苯胺基元赋予这些化合物螺旋桨式的扭曲结构，有效阻止分子间 π-π 堆积引发的荧光猝灭，确保其荧光性质。另外，两个丙二腈修饰的茚满结构中具有能够强烈振动的碳氮键，进一步提高了这些 AIE 分子在聚集态下的产热能力。随后的实验结果也表明该分子具有强烈的近红外Ⅰ区和Ⅱ区荧光发射、较高的活性氧产率以及优异的光热转换效率（46%），实现了红外Ⅱ区 FLI-PAI-PTI 三种成像模式指导的 PDT-PTT 协同治疗。值得一提的是，在体内治疗过程中仅需一次注射和一次光照，就实现了对实体肿瘤的彻底消除，反映出 PDT-PTT 协同治疗带来的高效的治疗效果。

根据这个策略，唐本忠课题组随后又报道的一组 TTT 系列分子，同样具有多模态诊疗性质［图 12-4（c）］[24]。在这组分子中，苯并噻唑部分被选为电子受体，由于其极度缺电子的状态和杂原子（S 和 N）的存在可以促进系间窜越过程产生 ROS，从而进一步提高 PDT 效果。三苯胺基元不仅可以作为电子给体，还可以提供足够多的转子和扭曲分子构象进而诱导聚集态的松散堆积，提高光热转换效率。引入噻吩环将供体和受体结合可以有效地延长共轭长度，增强供电子强度，这两种方法都有助于荧光发射红移。基于以上，TTT-4 分子具有 39.9% 的光热转换效率，并表现出极佳的近红外 II 区 FLI-PAI-PTI 三种成像模式指导的 PDT-PTT 协同治疗效果，经过为期 14 天的治疗，小鼠肿瘤被完全消除。

综上所述，与具有单一成像和治疗模式的诊疗系统相比，多种诊断和治疗模式的集成具有巨大的应用优势，尤其是在临床手术中，多模态成像有利于准确判断病灶位置，指导医生进行准确切除，这对于癌症治疗和抑制复发尤为重要。相对于传统光敏剂而言，AIE 光敏剂在多模态成像指导的协同治疗方面具有特别的优势。通过合理的分子结构设计，如延长共轭长度、增强构象扭曲程度、增加转子结构或振动结构等，可以平衡 AIE 光敏剂在各个途径上的能量耗散，以此保障 FLI、PAI、PDT 和 PTT 多条通路均被打开，最终实现基于单一 AIE 光敏剂的全方位一体化的诊疗模式，为未来医学诊疗提供了新思路。

12.5　展望

目前，AIE 光敏剂已经在光热诊疗领域展现出独特的优势，其无论是成像效果还是治疗效率均表现出众。但相对于光动力诊疗，AIE 光敏剂在光热诊疗领域的应用尚处于起步阶段，想要切实将 AIE 光敏剂应用于临床，仍需要解决一些关键性问题。例如，高效的光热转换效率对 AIE 分子的结构有较高的要求，这使得分子合成过程变得烦琐复杂且产率较低，极大地限制了实际应用，然而目前指导分子合成的方法多为经验之谈，并没有明确的构-效关系作为指导，加深 AIE 光敏剂分子构-效关系的研究与归纳是需要努力的方向；再如，基于 AIE 分子的多模态诊断和联合治疗目前尚处于起步阶段，开发多功能一体化的分子或者利用多功能纳米模板实现多种诊疗模式的联合，是实现更精准的疾病诊断和更有效的疾病治疗的重要方法，如光热联合免疫治疗[25, 26]、光热联合气体治疗等[27, 28]。目前取得的丰硕研究成果将激发更多科学家在该领域的研究兴趣，相信 AIE 光敏剂的神秘面纱将被一步步揭开，并最终走向临床应用。

参 考 文 献

[1] Nam J，Son S，Park K S，et al. Cancer nanomedicine for combination cancer immunotherapy. Nature Review Materials，2019，4（6）：398-414.

[2] Thariat J，Aluwini S，Pan Q，et al. Image-guided radiation therapy for muscle-invasive bladder cancer. Nature Review Urology，2012，9（1）：23-29.

[3] Fan Q L，Cheng K，Yang Z，et al. Perylene-diimide-based nanoparticles as highly efficient photoacoustic agents for deep brain tumor imaging in living mice. Advanced Materials，2015，27（5）：843-847.

[4] Wu J Y Z，You L Y，Lan L，et al. Semiconducting polymer nanoparticles for centimeters-deep photoacoustic imaging in the second near-infrared window. Advanced Materials，2017，29（41）：1703403.

[5] Jiang Y Y，Upputuri P K，Xie C，et al. Broadband absorbing semiconducting polymer nanoparticles for photoacoustic imaging in second near-infrared window. Nano Letters，2017，17（8）：4964-4969.

[6] Wang D，Lee M M S，Xu W H，et al. Theranostics based on AIEgens. Theranostics，2018，8（18）：4925-4956.

[7] Boisselier E，Astruc D. Gold nanoparticles in nanomedicine：Preparations，imaging，diagnostics，therapies and toxicity. Chemical Society Reviews，2009，38（6）：1759-1782.

[8] Liu Y L，Ai K L，Liu J H，et al. Dopamine-melanin colloidal nanospheres：An efficient near-infrared photothermal therapeutic agent for *in vivo* cancer therapy. Advanced Materials，2013，25（9）：1353-1359.

[9] Lin L S，Cong Z X，Cao J B，et al. Multifunctional Fe$_3$O$_4$@polydopamine core–shell nanocomposites for intracellular mRNA detection and imaging-guided photothermal therapy. ACS Nano，2014，8（4）：3876-3883.

[10] Chen H B，Zhang J，Chang K W，et al. Highly absorbing multispectral near-infrared polymer nanoparticles from one conjugated backbone for photoacoustic imaging and photothermal therapy. Biomaterials，2017，144：42-52.

[11] Feng G X，Zhang G Q，Ding D. Design of superior phototheranostic agents guided by Jablonski diagrams. Chemical Society Review，2020，49（22）：8179-8234.

[12] Fu Q R，Zhu R，Song J B，et al. Photoacoustic imaging：Contrast agents and their biomedical applications. Advanced Materials，2019，31（6）：1805875.

[13] Mao D，Hu F，Yi Z G，et al. AIEgen-coupled upconversion nanoparticles eradicate solid tumors through dual-mode ROS activation. Science Advances，2020，6（26）：eabb2712.

[14] Phua S Z F，Yang G B，Lim W Q，et al. Catalase-integrated hyaluronic acid as nanocarriers for enhanced photodynamic therapy in solid tumor. ACS Nano，2019，13（4）：4742-4751.

[15] Zou Q L，Abbas M，Zhao L Y，et al. Biological photothermal nanodots based on self-assembly of peptide–porphyrin conjugates for antitumor therapy. Journal of American Chemical Society，2017，139（5）：1921-1927.

[16] Xi D M，Xiao M，Cao J F，et al. NIR light-driving barrier-free group rotation in nanoparticles with an 88.3% photothermal conversion efficiency for photothermal therapy. Advanced Materials，2020，32（11）：1907855.

[17] Ni J S，Zhang X，Yang G，et al. A photoinduced nonadiabatic decay-guided molecular motor triggers effective photothermal conversion for cancer therapy. Angewandte Chemie International Edition，2020，59（28）：11298-11302.

[18] Chen M，Zhang X Y，Liu J K，et al. Evoking photothermy by capturing intramolecular bond stretching vibration-induced dark-state energy. ACS Nano，2020，14（4）：4265-4275.

[19] Zhao Z，Chen C，Wu W T，et al. Highly efficient photothermal nanoagent achieved by harvesting energy via

excited-state intramolecular motion within nanoparticles. Nature Communications，2019，10：768.

[20]　Liu S J，Zhou X，Zhang H K，et al. Molecular motion in aggregates：Manipulating TICT for boosting photothermal theranostics. Journal of American Chemical Society，2019，141（13）：5359-5368.

[21]　Lee D E，Koo H，Sun I C，et al. Multifunctional nanoparticles for multimodal imaging and theragnosis. Chemical Society Reviews，2012，41（7）：2656-2672.

[22]　Fan W P，Yung B，Huang P，et al. Nanotechnology for multimodal synergistic cancer therapy. Chemical Reviews，2017，117（22）：13566-13638.

[23]　Zhang Z J，Xu W H，Kang M M，et al. An all-round athlete on the track of phototheranostics：Subtly regulating the balance between radiative and nonradiative decays for multimodal imaging-guided synergistic therapy. Advanced Materials，2020，32（36）：2003210.

[24]　Wen H F，Zhang Z J，Kang M M，et al. One-for-all phototheranostics：Single component AIE dots as multi-modality theranostic agent for fluorescence-photoacoustic imaging-guided synergistic cancer therapy. Biomaterials，2021，274：120892.

[25]　Chen Q，Xu L G，Liang C，et al. Photothermal therapy with immune-adjuvant nanoparticles together with checkpoint blockade for effective cancer immunotherapy. Nature Communications，2016，7：13193.

[26]　He L Z，Nie T Q，Xia X J，et al. Designing bioinspired 2D $MoSe_2$ nanosheet for efficient photothermal-triggered cancer immunotherapy with reprogramming tumor-associated macrophages. Advanced Functional Materials，2019，29（30）：1901240.

[27]　Zhao P H，Jin Z K，Chen Q，et al. Local generation of hydrogen for enhanced photothermal therapy. Nature Communications，2018，9：4241.

[28]　Zhao B，Wang Y S，Yan X X，et al. Photocatalysis-mediated drug-free sustainable cancer therapy using nanocatalyst. Nature Communications，2021，12（1）：1345.

关键词索引

B

病原菌成像 ……………………… 117

C

簇发光 …………………………… 19

D

单线态 …………………………… 11

F

发光 ……………………………… 5

发光二极管 ……………………… 16

发射 ……………………………… 4

反卡沙规则 ……………………… 14

反向系间窜越 …………………… 13

非辐射跃迁 ……………………… 13

分子科学 ………………………… 32

分子内电荷转移 ………………… 14

分子内旋转受限 ………………… 26

分子内运动受限 ………………… 27

分子态 …………………………… 33

辐射跃迁 ………………………… 13

G

固态分子运动 …………………… 80

光动力治疗 ……………………… 88

光敏剂 …………………………… 88

光热成像 ………………………… 32

光热治疗 ………………………… 83

光热转换 ………………………… 84

光声成像 ………………………… 127

轨道 ……………………………… 9

H

活性氧 …………………………… 34

J

激发态 …………………………… 9

激发态分子运动 ………………… 34

基态 ……………………………… 9

激子 ……………………………… 62

价键共轭 ………………………… 43

近红外 …………………………… 34

聚集导致荧光猝灭 ……………… 43

聚集态 …………………………… 19

聚集体 ························· 19

聚集体科学 ····················· 20

聚集诱导发光 ··················· 19

聚集诱导活性氧 ················· 34

聚集诱导延迟荧光 ··············· 64

Jablonski 能级示意图 ··········· 13

K

卡沙规则 ······················ 13

空间共轭 ······················ 27

空间相互作用 ·················· 47

L

力致发光 ······················ 17

磷光 ·························· 12

磷光寿命 ······················ 62

N

纳米颗粒 ······················ 17

能级 ··························· 9

S

三线态 ························· 11

斯托克斯位移 ·················· 12

生色团 ························ 11

生物成像 ······················ 19

T

探针 ·························· 13

天然聚集诱导发光分子 ·········· 100

X

吸收 ··························· 9

系间窜越 ······················ 13

细胞成像 ······················ 32

Y

压电效应 ······················ 54

延迟荧光 ······················ 13

荧光 ·························· 12

荧光成像 ······················ 32

荧光量子效率 ·················· 70

荧光寿命 ······················ 13

有机室温磷光 ·················· 19

跃迁 ··························· 9